人工智能与大数据系列

U0134366

生物启发步行机器人

［德］Poramate Manoonpong ◎著

朱雅光 ◎译

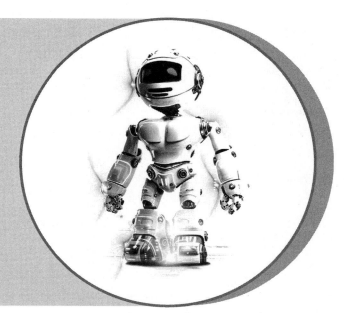

電子工業出版社·

Publishing House of Electronics Industry

北京 · BEIJING

内 容 简 介

本书介绍了受生物启发的步行机器人与物理环境的相互作用，描述了步行机器人的形态设计和行为控制如何从生物学研究中受益。本书的目的是开发神经控制的模块化结构，生成物理步行机器人的不同反应行为，以此来分析反应行为背后的神经机制，并论证传感器融合技术，从而在合适的行为之间进行平滑切换。作者提供了人工感知动作系统的实例，并强调了生物学研究、计算神经科学和工程学之间的密切关系。

本书适合机器人、机电一体化、电子工程、控制和人工智能领域的研究人员、工程师和学生阅读。

图书在版编目（CIP）数据

生物启发步行机器人 /（德）李家和（Poramate Manoonpong）著；朱雅光译.
—北京：电子工业出版社，2021.6
（人工智能与大数据系列）

书名原文：Neural Preprocessing and Control of Reactive Walking Machines

ISBN 978-7-121-41358-2

Ⅰ. ①生… Ⅱ. ①李… ②朱… Ⅲ. ①移动式机器人 Ⅳ. ①TP242

中国版本图书馆 CIP 数据核字（2021）第 115532 号

责任编辑：刘志红（lzhmails@phei.com.cn）   特约编辑：王　璐
印　　刷：三河市鑫金马印装有限公司
装　　订：三河市鑫金马印装有限公司
出版发行：电子工业出版社
　　　　　北京市海淀区万寿路 173 信箱　邮编　100036
开　　本：720×1 000　1/16　印张：14　字数：358.4 千字
版　　次：2021 年 6 月第 1 版
印　　次：2021 年 6 月第 1 次印刷
定　　价：138.00 元

"机器人能成为我们的朋友。"这是本书作者说过的一句话，让我记忆犹新。随着全球范围内的科技革命和机器人研发热潮，机器人技术取得了很大的进步。人们在科技不断发展、应用不断创新的今天，已经不再只满足于研发生产那些"钢筋铁骨"、充斥着金属气息的传统机器人。随着机器视觉、计算机、自动化、智能化及传感器技术的不断提高，人们将目光转向了具有高超运动能力和协调控制能力的各种自然界动物。

研究发现，自然界中的动物主要有两种不同的反应行为：一种是避障和逃生行为；另一种是捕猎行为。它们将眼睛和毛发等感知器官感应到的环境信息传递给大脑，产生相应的反应行为。众所周知，在地球的陆地表面，有超过 50%的面积为崎岖不平的山丘或低洼潮湿的沼泽，使机器人执行任务面临各种阻碍。这就需要机器人具有强大的传感系统、信号处理算法和控制算法，能够接收并处理复杂的环境信息，自主调整运动行为来完成任务，也就是说，机器人要具备感知能力和反应行为。本书所构建的人工感知—动作神经网络系统，能使机器人具有较强的感知能力和反应行为，在非结构地形中执行任务具有显著优势。

因此，越来越多的科学家以仿生学知识作为指导，在充分了解自然界动物系统组成形式、运动方式和动作控制模式的基础上，运用各种理论和技术构建机器人的大脑和躯体，其中一种常见的方法是利用神经网络构建机器人大脑，使机器人具有感知能力，实现机器人运动行为的自适应控制。可以说，"机器人能成为我们的朋友"已经逐渐成为现实。

本书作者 Poramate Manoonpong 教授在机器学习和机器人神经网络运动控制等技术方面具有多年的研究和教学经验，且在相关领域做出了较大贡献。Poramate Manoonpong 教授根据机器人神经网络运动控制框架，将本书分为七章：

第 1 章：绪论。

第 2 章：仿生感知—动作系统。

第 3 章：神经网络概念与建模。

第 4 章：物理传感器和步行机器人平台。

第 5 章：人工感知—动作系统。

第 6 章：人工知觉—动作系统性能。

第 7 章：结论。

各章架构严谨，相互呼应；条分缕析，层层递进。本书所讨论的均为机器人神经网络运动控制的基础理论和核心技术，堪称经典之作。

本书可作为人工智能、机器人专业和计算机专业师生的参考书，也可供从事机器人等应用开发工作的技术人员参考。

朱雅光

2021 年 5 月

从机电一体化设计和控制概念的实现角度来看，仿生步行机器人是一个极具吸引力的研究对象。针对这一课题的研究在迅速发展、高度跨学科的领域中占有一席之地，它融合了生物学、生物力学、材料科学、神经科学、工程学和计算机科学等不同领域的研究成果。

动物在自然界中形成了最能适应环境的步行运动模式，但人们对这些模式的产生机制仍然不是很了解。自然的运动给人以优雅和流畅的印象，而人工类似物的模拟动作显得相当笨拙。

关于人工腿足运动的各种研究主要集中在机械设计和纯运动控制方面。通常来说，机器无法感知其所处的环境并做出相应的反应。针对传感器驱动行为而开发的控制技术很少，即便有这方面的技术，它们也只能处理单一类型的行为——很有可能就是避障行为。只有少数几种方法致力于多种反应性行为的多模态生成。

本书提出了一个开创性的方法来解决这一具有挑战性的问题。受蟑螂和蝎子的避障和逃生行为（这里理解为负向性）及蜘蛛捕食行为（这里理解为正向性）的启发，本书引入了相应的传感器和神经控制模块，使步行机器人能够以动物的方式感知环境刺激并做出反应。

除了通过使用简单的红外距离传感器使步行机器人实现室内环境的避障，还可以通过使用不同类型的传感器来使步行机器人实现其他类型的趋向性。特别是，读者可能会因毛发传感器的引入而激发灵感。这些传感器被用作接触传感器，同时充当声音探测器，支持向音性。

本书所提出的神经技术将非常通用的设计方法实例化，通过人工构造或借助进化技术开发的神经模块作为四足、六足或八足装置的控制结构。神经中枢模式发生器与处理传感器输入和调节输出行为的神经模块结合，为进一步发展提供了机会。递归神经网络的简单性使研究人员能够分析和理解其固有的动态特性，这使模块化神经控制的工程方法更加可行。

自主行走装置应携带自主反应性行为所需的一切，包括能量供应、外部传感器和计算机功率，这些要求使构建这些装置的机械结构成为一个难题。本书提供了一些对构建四足和六足仿生步行机器人机械结构有帮助的基本见解，为步行机器人实验搭建了一个稳健的平台。

此外，作者还证明了使用模块化神经动力学方法来进行行为控制，可有效地作用于感觉运动回路，并能显著降低所需的计算机能力。本书所述的神经系统多模态为这些自主步行机器人提供了令人信服的反应性行为。

本书为那些对自主式机器人，尤其是涉身智能感兴趣的学生和研究人员，提供了一些可采纳的想法，并提供了令人信服的实际案例。构建自主步行机器人系统具有很大的挑战性，因为多自由度的协调必须与多功能的外部传感器相结合。应当注意的是，以前并没有本体感受器，即内部传感器，如角度编码器，用于产生步行模式或行为调节。这种类型的传感器，以及本书中提到的机电设计方法和神经网络技术将为自主步行装置开辟新的、更加广泛的应用领域。

Frank Pasemann

　　生物的运动和运动模式是复杂的，既不容易理解，也不容易模仿。然而，世界各地的研究人员都清楚地认识到，生物运动是以最高的效率和最好的效果自然地进行的。特别是，生物的反应性行为被认为是它们在恶劣环境中生存的关键特征。

　　到目前为止，已经有相当多的步行机器人样机能够对环境刺激做出反应，本书作者提出了一种独特的模块化神经控制方案，将其应用于步行机器人中。该方案是一个包含了多个不同模块和功能的网络。

　　该网络很简单，有助于读者了解其固有的动态特性，如滞回曲线和扰人的噪声。与传统进化算法的大量递归连接相比，这是该方案的一个主要优势。该方案可应用于不同类型的步行机器人，对步行机器人内部结构和参数的适应性及变化要求较小。这种通用方案使步行机器人能够在现实世界中工作，而不仅仅是在模拟环境中。我认为该方案很快将被证明是机器人设计界的一个实用工具。

　　本书的另一个特色是多功能人工感知—动作系统。该系统具备执行一种以上反应性行为（如避障和向音性）的能力。我们认为，在日常生活中，动物为了生存会使用多种反应性行为。

　　在阅读本书的时候，我发现作者的研究还可以揭示动物复杂的步行模式与其关节机构和自由度数量之间的关联。我一生中的大部分时间都致力于了解机器人结构和功能之间的关系。通过本书，我们可以清楚地看到，作者在步行机器人的设计上迈出了更远的一步。

Djitt Laowattana

本书的理论基础是探究神经机制背后具有不同反应性行为的仿生步行机器人。本书所研究的系统能够仅使用传感器信号而不使用任务规划算法或记忆信息对真实环境刺激（正向性和负向性）做出反应。一方面，它们可以被用作一种工具，帮助人们正确地理解涉身系统，根据定义，这里的涉身系统是指与环境交互的物理智能体；另一方面，它们可以被视为人工感知—动作系统，该系统受行为学研究的启发。

尽管在一台机器中同时实现不同行为的例子寥寥无几，但目前大多数仿生步行机器人的涉身系统仅限于一种类型的反应性行为。一般情况下，这些步行机器人仅用于运动，即无须感知环境刺激。这表明，到目前为止，人们对能够与环境交互的步行机器人的关注还很少。

因此，本书提出了具有不同反应性行为的仿生步行机器人。一方面，受蝎子和蟑螂的避障和逃生行为的启发，我们将这种行为应用于步行机器人，表现为一种负向性。另一方面，我们将一种被称为"向音性"的声音诱导行为（类似于蜘蛛的捕食行为）用作正向性的模型。我们研究了这些动物用来触发上述行为的生物传感系统，使其以抽象的形式再现其主要功能。此外，在四足和六足步行机器人的腿和躯干设计中，我们分别考虑了蝾螈和蟑螂进行有效运动时的形态。

事实上，本书的大部分内容都是为了解释：

- 如何使用模块化神经结构，其中神经控制单元可以与不同的神经预处理单元耦合，以形成所需的行为控制。该神经结构简单易懂，可用于控制不同类型的步行机器人。

- 如何利用小型递归神经网络的动态特性，并采用进化算法，最大限度地降低神经预处理和控制单元的复杂度。

- 如何采用传感器融合技术来整合不同的行为控制器，以获得一种有效的行为融合控制器，用于激活对环境刺激做出的期望反应性行为。

- 如何让研究步行动物的形态及其运动控制原理，为设计四足和六足步行机器人提供参考。

- 如何让自主步行机器人实现与真实环境交互，从而使系统接受现实世界的噪声挑战。

Poramate Manoonpong

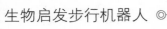

第 **1** 章

绪 论

　　关于仿生步行机器人的研究已经进行了 20 多年，大部分研究集中于机械结构、动态步态控制和高级运动控制领域，如在崎岖的地面步行。大多数人研究的步行机器人仅用于运动，无须感知环境刺激，仅有少数人研究物理步行机器人如何通过不同的方法对环境刺激做出反应。一方面，这说明很少有人关注执行反应式行为的步行机器人；另一方面，这种复杂的系统可以作为一种方法论，用以研究由传感器和致动器（二者用于显式智能体-环境交互）组成的涉身系统。

　　由此可见，本书所描述的工作集中于物理步行机器人产生的不同反应性行为：一种是避障和逃生行为，如蝎子和蟑螂的逃生行为（负向性）；另一种是类似蜘蛛的捕食行为（正向性）。此外，本书还研究了用于触发上述行为的生物传感系统，以便在反应式步行机器人中对这些系统进行模拟仿真。

　　下面将首先介绍智能体-环境交互领域的研究现状，这是撰写本书的动机之一，接着详细介绍本书所采用的研究方法，最后概述本书的其余章节的结构。

1.1 智能体—环境交互领域的研究现状

人们为了制造能够与环境交互，甚至能够适应特定生存条件的自主式移动机器人，已经尝试了 50 多年研究。究其原因，有以下几个方面。首先，这样的机器人系统可以用做模型来测试关于系统的信息处理和控制的假设。其次，它们可以作为一种方法论，用以研究由传感器和致动器（二者用于显式智能体-环境交互）组成的涉身系统。最后，它们可以用于模拟生物学和机器人之间的相互作用，即生物学家可以将机器人作为动物的物理模型来解决特定的生物学问题，机器人专家可以利用生物学研究来制定机器人中的智能行为。

1953 年，W. G. Walter 设计了一个叫作乌龟的模拟小车，如图 1.1 所示。它由两个传感器、两个致动器和两个真空管组成，用于模拟"神经细胞"。该研究的目的是将"乌龟车"作为研究大脑工作和行为的模型。结果显示，"乌龟车"能够对光刺激做出反应（正向性），避开障碍物（负向性），甚至给电池充电。行为的优先级从最低到最高分别为寻找光线、靠近/离开光源和避开障碍物。

30 年后，心理学家 V. Braitenberg 将 Walter 乌龟的模拟电路行为原理推广到一系列涉及车辆集合设计的 Gedanken 实验中，这些系统通过抑制性和刺激性影响，对环境刺激做出反应，直接将传感器耦合到电动机上。Braitenberg 创造了各种各样的小车，包括那些表现出恐惧、攻击和趋向性行为的小车（见图 1.2），这些小车直到现在仍被用作产生机器人复杂行为的基本原则。

图 1.1

注：（a）Walter 的乌龟。（照片由 UWE Bristol 的 A. Winfield 提供）（b）乌龟 Elsie 成功地避开了一个凳子，接近光线。（照片经许可，版权由伯顿神经学研究所所有）

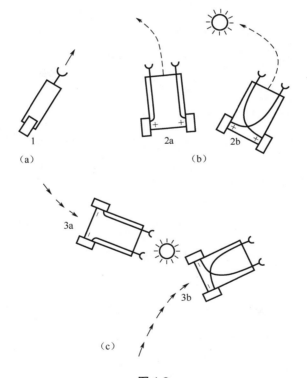

图 1.2

注：（a）小车 1 由一个传感器和一个电动机组成。运动总是沿着箭头的方向前进，速度由传感器控制（除非遇到干扰，如打滑、地形崎岖、摩擦）。（b）小车 2a 和 2b 由两个传感器和两

个电动机组成，小车 2a 通过避开光源来对光做出反应（表现出"恐惧"），因为小车的右侧传感器比左侧传感器更靠近光源，受到的刺激更多，所以右侧电动机的转速也比左侧快；小车 2b 转向光源（表现出"攻击"行为）。(c) 小车 3a、3b 与小车 2a、2b 类似，但前者携带有抑制连接。小车 3a 转向光源，当其足够接近光源时停止。它"热爱"光源，而小车 3b 则避开光源，是一个"探索者"。（经 V. Braitenberg 许可转载）

1989 年，Brooks 在其著作中提出了一个能够与环境交互的复杂移动式机器人，该机器人拥有多个自由度 Degrees of Freedom，DOF）。他设计了一种控制物理六足步行机器人 Genghis（见图 1.3）的机制，该机器人能够在崎岖的地面行走，并被动地跟随红外光谱中的人。这种机制是从一个完全分布式的网络中构建的，总共有 57 台叫作"包容体系结构"的增广有限状态机。它是一种将一个复杂的行为分解成一组简单行为的方法，这些简单行为称为"层"。在层中，更多的抽象行为被递增地添加到彼此之上。这样，底层作为反射机制执行任务，如避开物体，而较高的层控制前进的主要方向，以完成整个任务。反馈主要是通过环境给出的，这种体系结构基于感知-动作系统耦合，内部处理很少。从传感器到执行器的这种相对直接的并联耦合使其具有更好的实时行为，因为它使耗时的建模操作和任务规划之类的更高级的过程变得没有必要。这种方法是所谓的基于行为的机器人学的第一个概念。在智能体-环境交互领域，也有基于这种体系结构构建的其他机器人，如 Herbert、Myrmix、Hannibal 和 Attila。

1990 年，R. D. Beer 等人受到蟑螂的启发，模拟了人工昆虫（见图 1.4），并建造了一个基于自然昆虫行为和运动控制的神经模型。该模型由包含触觉和化学传感器的触角和嘴构成，用于感知环境信息，可以以游走、边缘跟随、寻食、投喂食物的方式来展示。

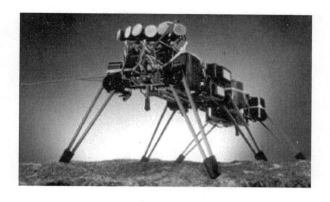

图 1.3

注：六足步行机器人 Genghis 由俯仰和滚转倾斜仪、两个碰撞敏感触角、六个前视被动式热释电红外传感器和各电动机伺服回路的力测量工具组成。（照片由 R.A. Brooks 提供）

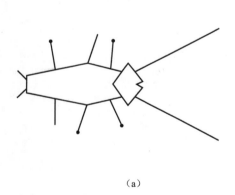

（a）

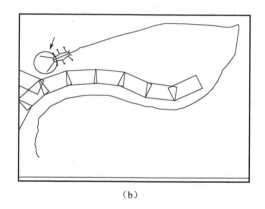

（b）

图 1.4

注：（a）大蠊 Computatrix，黑色方格表示支撑躯干的脚部。（b）模拟昆虫的路径，显示了游走、边缘跟随和进食的周期（箭头）。（经 R. D. Beer 许可）

1994 年，澳大利亚研究人员 A. Russell 等人通过创建既能放置又能探测化学痕迹的机器人系统（见图 1.5）来模拟蚂蚁的行为。这些系统代表了趋化性：沿着化学痕迹探测和定位自己。

图 1.5

注：能够跟踪地面化学痕迹的微型机器人。（照片由 A. Russell 提供）

2000 年左右，B. Webb 等人展示了一种轮式机器人，它基于对蟋蟀（蟋蟀趋声性）的听觉和神经系统建模来定位声音，可以跟踪模拟的雄蟋蟀叫声（20 毫秒内爆发的声音振动频率为 4.7kHz）。这样的机器人行为被开发出来，并在三年后转化为一种自主式户外机器人——Whegs^{IM} ASP。Whegs（见图 1.6）能够在室外环境中定位和跟踪模拟的蟋蟀叫声。事实上，Webb 和她的同事们打算创建这些机器人系统，以便更好地理解生物系统，并检验生物学中的相关假说。

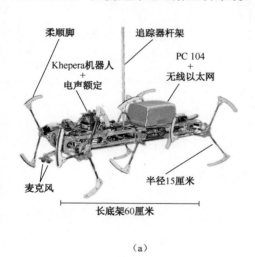

（a）

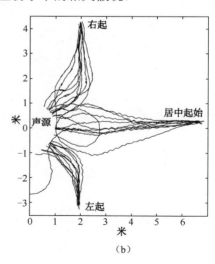

（b）

图 1.6

注：（a）Whegs。（b）使用追踪器记录的 30 个连续的室外试验，显示机器人从不同方向

接近声源。（经 A. D. Horchler 许可转载）

2001 年，T. Chapman 对 Webb 的工作进行了扩展。他专注于构建直翅目昆虫逃生反应（蟋蟀和蟑螂在风或触摸刺激下的逃生反应）的情景模型。他展示了一个双轮 Khepera 机器人（见图 1.7），能够对各种环境刺激（如吹气、触摸、声音和光）做出反应，这些刺激指的是捕食性攻击。它执行触角和风介导的逃生行为，其中也考虑了周围声音或光的突然增加。

2003 年，F. Pasemann 等人提出了一种用于控制自主轮式机器人的小型递归神经网络，该网络在不同的环境中表现出避障行为和趋光性（见图 1.8）。Pasemann 利用机器人对控制器进行测试，并了解控制器的递归神经结构。

（a）

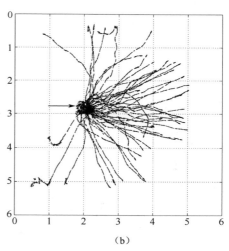

（b）

图 1.7

注：（a）安装在机器人模型上的人造毛发、触角、眼肌和耳朵。（b）由风引起的逃生轨迹组合，箭头表示刺激。机器人根据不同的刺激物做出不同的反应方向。轨迹显示了 48 次逃跑试验。（经 T. Chapman 许可转载）

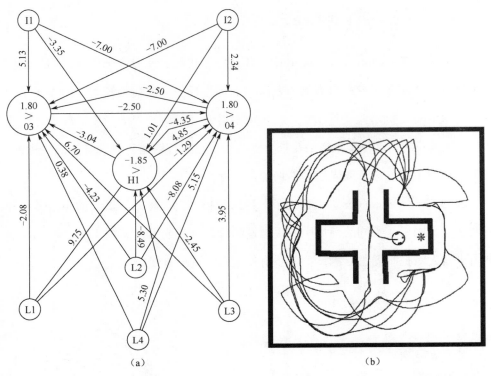

（a）　　　　　　　　　　　　　（b）

图 1.8

注：（a）产生具有趋光性的探索行为的进化神经控制器。（b）执行避障和趋光行为的仿真机器人。（经 F. Pasemann 许可转载）

同时，H. Roth 等人介绍了一种基于光子混频器（Photonic Mixer Device，PMD）技术的新型摄像机，该 PMD 使用模糊逻辑控制，用于检测移动和智能导航实验机器人 MERLIN 的避障行为（见图 1.9）。该系统安装在移动机器人上进行了测试，使机器人通过视觉系统感知环境信息，如障碍物。它甚至可以将检测到的对象识别为 3D 图像，精确地实施避障行为。

图 1.9

注：如图所示为装有 PMD 摄像头的机器人 MERLIN 在有障碍物的地面行走。（经 H. Roth 许可转载）

以上例子是智能体-环境交互领域中的机器人，这是一个迅速成长的领域。全面讨论见参考文献：R. C. Arkin（1998）、J. Ayers 等人（2002）和 G. A. Bekey（2005）。

1.2 本书所采用的研究方法

上述研究表明，建立智能体-环境交互作用的原理涵盖了各个研究领域，如对机器人行为控制的研究和对生物系统如何工作的理解。这也是创建自主智能系统的基础，自主智能系统是一个活跃的研究领域，也是一个极具挑战性的领域。因此，本书所述的工作将在这个传统中继续延伸，并扩展仿生步行机器人作为智能体的使用范围。与以前大多数研究中使用的轮式机器人相比，仿生步行机器人的机械系统（多 DOF）相当复杂。此外，需要使用更先进的技术来创建仿生步行机器人所需的反应性行为。

机器人的行为控制有许多不同的技术和方法，可分为两大类：一类是意向控制，另一类是反应控制。根据 R. C. Arkin（1998）的理论，具备协商推理能力的机器人需要储备关于宇宙的相对完整的知识，即建立宇宙模型，并利用这些知识来预测下一步行动，用以优化其应对外部世界的能力。如果使用的信息不准确或该信息自获取后发生过变化，就有可能导致机器人做出错误的动作。反应控制是一种将感知和动作紧密耦合的技术，它不需要建立世界模型就能完成机器人动作。换句话说，这种反应式系统通常由简单的感觉运动对组成，其中感官活动提供信息以满足运动反应的适用性，进而适用于动态世界中机器人行为的生成。这意味着机器人可以对环境刺激做出反应，就像它们所感知的那样，而不需要考虑任务规划算法或记忆能力。

在本书中，我们主要探讨反应控制的概念，以生成四足和六足步行机器人的行为。特别是，我们将提出一种基于模块化神经结构的行为控制器，该结构采用离散时间动力学的人工神经网络。它由两个主要模块组成：神经预处理和神经控制[1]（见图 1.10）。

基于模块化神经结构的行为控制器的功能比许多其他为步行机器人开发的控制器更容易分析，前者可以使用进化技术。一般来说，控制器体积太大，无法进行详细的数学分析，特别是使用了大量的递归连接结构。此外，对大多数控制器来说，在不修改网络内部参数或结构的情况下，几乎不可能将它们成功地转移到不同类型的步行机器人上，或者生成不同的步行模式（如向前、向后、左转和右转运动）。

与此相反，本书所述的控制器可以成功地应用于物理四足步行机器人和六足步行机器人，并且在不改变控制器内部参数或结构的情况下，产生不同的步行模

---

[1] 本书所说的神经预处理是指用于感觉信号处理（的神经信号处理）的神经网络；神经控制是指直接控制机器人运动的神经网络（或称神经运动控制）。

式。利用模块化神经结构，将神经控制模块与不同的神经预处理模块耦合，可以创建不同的反应性行为控制。因为模块的功能容易理解，所以不太复杂的智能体[①]（四足步行机器人）的反应式行为控制器也可以应用于更复杂的智能体（六足步行机器人），反之亦然。控制器的一部分通过实现递归神经网络的动态特性生成，另一部分通过进化算法来生成和优化。一方面，小型递归神经网络（如具有递归连接的一个或两个神经元）表现出几个有趣的动态特性，这些特性可应用于创建本书所用方法的神经预处理和神经控制。另一方面，应用进化算法随机综合神经系统（Evolution of Neural Systems by Stochastic Synthesis，ENS^3），试图根据给定的适应度函数，保持网络结构尽可能小。此外，隐藏层和输出层中的各种连接，如自连接、刺激性连接和抑制连接，在进化过程中也是允许的。最终，可以使用小的神经结构来形成神经预处理和神经控制。

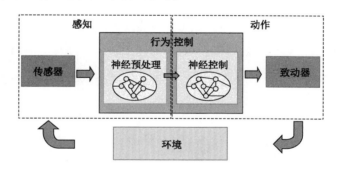

图 1.10

注：模块化反应性神经控制（也称行为控制）图。该控制器可作为人工感知-动作系统，即传感器信号经过神经预处理模块进入神经控制模块，神经控制模块对致动器发出指令。因此，机器人的行为是通过与传感器感觉运动回路中的（动态）环境交互而产生的。

---

① 在这种情况下，智能体的复杂性由其自由度数量决定。

为了构建物理四足和六足步行机器人，用于测试和演示行为控制器的能力，人们以步行动物的形态作为设计灵感，通过确定动物运动的原理，创建步行机器人的基本运动控制。此外，人们还研究了动物的行为及其传感系统，以获得机器人及其相关传感系统的行为。受蝎子和蟑螂的避障和逃生行为及其相关的传感系统的启发，人们构建了行为控制器（也称避障控制器）和传感系统，使步行机器人能够避开障碍物，甚至从死角中逃生，这种行为表现为负向性。而正向性则由低频（200Hz）的正弦声音信号触发。声音诱导行为，类似蜘蛛的捕食行为，称为向音性，它由一个向音控制器连同相应的感觉系统共同驱动。因此，步行机器人对打开的声源（捕食信号）做出反应，转向并最终接近猎物（捕获猎物）。

最后，利用传感器融合技术①将所有这些不同的反应性行为融合在一起，得到一个有效的行为融合控制器，其中不同的神经预处理模块必须协同工作。这些反应系统旨在作为人工感知-动作系统工作，因为它们感知环境刺激（正向性和负向性），并直接执行相应的动作。然而，对于这些系统，并没有适当的基准来判断其成败。因此，评价系统的方法是实证调查和实际观察它们的性能。

1.3 本书的结构

第 1 章对智能体-环境交互领域的研究进行了概述，详细介绍了多功能人工感知-动作系统的研究方法。

第 2 章提供了相关的生物学知识，将其作为设计步行机器人的反应性行为、

---

① 这种融合技术由两种方法组成：一种是查找表，它通过参考预定义的优先级来管理感觉输入；另一种是时间调度方法，用于切换行为模式。

物理传感系统、步行机器人结构及其运动控制的灵感来源，并展示了这些仿生系统如何应用到本书工作中。

第 **3** 章简要介绍了生物神经元和人工神经元模型，还详细描述了具有递归连接和进化算法的单神经元的离散动态特性，它们被作为方法和工具贯穿本书。

第 **4** 章描述了仿生感觉系统和步行机器人，它们最初是用本书所述的物理部件建造的，可以作为模块化神经控制器实验的硬件平台，甚至可以作为人工感知-动作系统。

第 **5** 章展示本书的主要成果，介绍了对感觉信号的神经预处理和对步行机器人运动的神经控制，并提出了不同的神经预处理单元与神经控制单元相结合的行为控制方法，体现了行为融合控制的细节，该控制方法将所有产生的反应性行为相结合，从而形成多功能人工感知-动作系统。

第 **6** 章给出了用模拟和真实的感觉信号测试神经预处理的详细结果，并展示了已经在物理步行机器人上实现的控制器功能，这些步行机器人能够产生不同的反应性行为。

第 **7** 章总结了本书所取得的成果，并提出了进一步研究的新途径。

第 2 章

仿生感知—动作系统

本书大部分内容致力于创造和展示受生物传感系统（感知）和动物行为（动作）启发的人工感知-动作系统。因此，本章提供了一些生物学背景知识，以帮助读者理解本书所采取的方法。本章开头简短地介绍了动物行为的一些必要原则，然后重点研究了蝎子和蟑螂的避障和逃生行为，接着研究了蜘蛛的捕食行为，并着重介绍了用于触发上述行为的生物传感系统。此外，本章还提出了将不同形态的步行动物作为设计步行机器人平台的灵感来源。最后，本章讨论了一种仿生运动控制，称为"中枢模式发生器"（Central Pattern Generator，CPG），这一概念后来被用作产生机器人节奏性的腿部运动。

2.1　动物的感官和行为

如何设计机器人的行为？如何以合理的方式创造这些行为？这些被期望的行为如何相互协作？这些行为是如何应用于传感器和执行器的？在机器人系统中，特别是在移动机器人中实现更复杂的行为之前，应该实现什么样的原始行为？这些是大多数机器人专家在创建能够与环境交互的机器人系统之前牢记在心的重要问题。因此，必须寻找这些问题的答案，为建立机器人的行为及其物理系统（如传感器和执行器类型）提供基本思路。解决这些问题的一个可能方法是观察和研究动物行为（动作）和传感系统（感知），以此作为设计灵感。动物们似乎用行为定义了"智力"：动物有能力改善其在现实世界中的生存前景。动物行为学家通过研究动物在自然环境中的行为，将动物的行为大致分为三大类（摘自 R. C. Arkin，1998）。

- 反射是由某种环境刺激引发的快速模式化反应。只要刺激出现，反应就会持续，其持续时间取决于刺激的强度。反射使动物的行为能够迅速地适应意想不到的环境变化。反射通常用于执行任务，如姿势控制、退出疼痛刺激，以及对不平坦地形的步态适应等。

- 趋性是方向反应。这些行为包括动物对刺激的朝向（正向性）或背离（负向性）。趋性是各种动物对视觉、化学、机械和电磁效应做出的反应。例如，巴西游走蛛表现出正向性，即它追随一只嗡嗡叫的苍蝇所产生的气流来捕获苍蝇，这就是众所周知的"捕食行为"。另一种正向性在雌蟋蟀身上的表现很明显：雌蟋蟀在求偶过程中表现出趋声性。也就是说，它们转向雄性蟋蟀的召唤。可以将负向性与蝎子和昆虫在导航或探索期间的避障行为进行比较。它们试图避开触觉传感系统（如头发、触角）感知到的障碍物。但是，避障行为也可以作为反射反应的一部分来实现。

- 固定动作模式是一种由刺激激活的时间延长的反应模式，即行为持续的时间比刺激持续的时间要长，反应的强度和持续时间不受刺激的强度和持续时间的控制。固定动作模式的触发刺激通常比反射更复杂、更具体。事实上，一旦固定动作模式被激活，即使激活刺激被移除，固定动作仍会发生。固定动作模式的例子是蟑螂的逃生行为。当捕食者攻击蟑螂时，它们立即转身逃跑。

采用上面描述的动物行为可能是产生机器人行为的最简单方法。它们通过感觉系统对接收到的环境刺激做出反应，此类反应被称为"反应性行为"，可以用来表达机器人对环境的反应。为了做到这一点，可以将这种响应式机器人系统地阐述为一种感知-动作系统，即机器人感知到一些环境信息并对其所处的环境做出反应，而不需要使用背景信息或时间推移。因其可以直接对所感知的环境做出反应，所以该系统适用于动态和危险的环境。

在这里，我们研究了动物的两种不同的反应性行为，一种是避障和逃生行为，代表负向性，另一种是猎物捕获行为，代表正向性，并着重研究了相关传感系统。下面对这两种行为进行详细介绍。这些信息构成了第 4 章和第 5 章中机器人行为及其物理传感系统的设计基础。

2.1.1　避障和逃生行为

避障行为可以在大多数动物身上得以实现，因为它们在执行一项普通任务（如四处走动或寻找食物）时，能够在杂乱的现实环境中逃脱或避开障碍物。事实上，当动物面对障碍物时，可能会转身避开、翻越、跟随，甚至对障碍物进行探索，这些不同的行为通常取决于当时的情况和障碍物的性质。这种期望行为的有趣之处在于动物如何感知障碍，以及障碍的感知信息是由哪个感觉系统提供的。支持这些假设的生物学证据描述如下。

蝎子是夜间捕食性动物，以多种昆虫、蜘蛛、蜈蚣甚至其他蝎子为食。它们的视觉系统很差，很难发现远距离的障碍物或猎物，主要用作区分白天和黑夜的感光器。因此，蝎子主要通过分布在身体各部位的感觉毛发来感知环境信息。例如，F.T.Abushama 观察到，以色列金蝎用腿部的远端-跗节段上的毛发来感知湿度，而须肢（螯）、栉突和毒钩分别携带着对触觉、气味和温度做出反应的毛发（见图 2.1）。

图 2.1

注：以色列金蝎（修改自 S.R.Petersen，2005；A.Twickel，2004）

A.Twickel 在用须肢上的毛发进行碰撞检测时，观察了红爪蝎的情况（见图 2.1）。在这种情况下，须肢主动感知障碍物。一旦第一个须肢上的毛发与障碍物相撞，蝎子便开始慢慢地从触碰的一侧转开。在避障过程中，它还通过活动的须肢对障碍物进行触觉探测，利用触觉毛发感知障碍物，最终能够逃离障碍物。红爪蝎的一系列避障行为如图 2.2 所示。

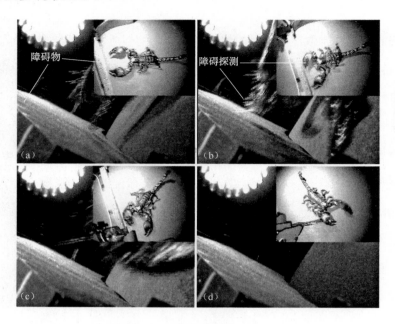

图2.2

注：（a）—（b）为红爪蝎的避障行为，各图中右上角的小窗表现的是避障行为，大窗表现的是近景下的障碍探测。（经 A. Twickel 许可转载）

与蝎子的避障行为类似，大多数昆虫（如蟋蟀、蟑螂、竹节虫等）也能从障碍物甚至它们的捕食者那里逃脱，其中一些昆虫主要通过触角系统感知障碍物或捕食者的信息。感觉系统由两个主动移动的触角组成，这些触角从昆虫头部伸出，与神经信号处理密切相关。昆虫的触角一般是由许多微小节段组成的外部传感结构，它们对触觉刺激高度敏感，甚至能够辨别纹理；它们具有灵活性，而且可以被独立扫描。昆虫通过控制位于基部特定节段的肌肉来主动移动触角。雌性双斑蟋和伪死人头蟑螂的触角如图 2.3 所示。

图 2.3

注：昆虫的触角。其中，（a）雌性双斑蟋，箭头表示触角的位置。（经 T.P.Chapman 允许转载）（b）伪死人头蟑螂的前视图，其中箭头表示用于移动触角的基段。（c）伪死人头蟑螂的侧视图，箭头表示触角位置（（b）和（c）经 R.E.Ritzmann 允许转载）

事实上，昆虫的触角似乎可以执行各种各样的任务。例如，D.Schneider（1964，1999）建议使用触角进行化学信息传感。人们发现，腐肉甲虫的触角对气流很敏感，而在蟑螂身上，触角用于风介导的回避。特别是，作为机械感受器所需的触觉，昆虫的触角可以在崎岖的地形中探测立足点，并在行走过程中主动探测（如竹节虫的触角）。此外，它们还用于墙壁跟踪，甚至用于触摸诱发行为[1]（如蟑螂的触角）。

相关工作集中在对蟑螂的触摸诱发行为的研究上，以了解它们如何通过触角对触摸刺激做出反应。C.M.Comer 等人对触觉诱发行为进行了精确的研究。他们尝试观察一只蟑螂和一只食肉性狼蛛的反应。结果显示，在蟑螂的触角与狼蛛接触之前，狼蛛向蟑螂运动，蟑螂则静止不动；在蟑螂右边的触角碰到了攻击它

---

[1] 如果触角与障碍物接触，这里的行为指"避障"；如果刺激是由捕食者（如狼蛛）的攻击产生的，这里的行为指"捕食逃生行为"。

的狼蛛后，蟑螂开始转向左边。最后，蟑螂逃离了它的捕食者。这一系列行为如图 2.4 所示。

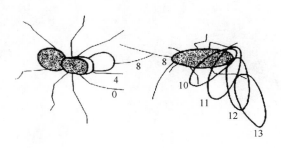

图 2.4

注：蟑螂的捕食逃生行为。阴影轮廓表示动物的初始位置（左边是狼蛛，右边是蟑螂）；数字表示连续视频帧的位置。它们在第 8 帧接触，蟑螂开始转向，最后得以逃脱（第 8—第 13 帧）。本图由 C.M.Comer 等人提供）

还有一些观察蟑螂逃生行为的其他实验报道。在报道中，蟑螂的逃生行为是由一根触角上的人工触觉刺激触发的。结果是，蟑螂大多远离接触侧，使用一个合适的均值向量用来逃避。在这种情况下，蟑螂在右侧触角被触发时转向左侧。蟑螂的转向方向可概括为如图 2.5 所示的圆形直方图，在图中可观察到转向有极短的潜伏期，平均潜伏期为 33 毫秒。

图 2.5

注：圆形直方图显示了蟑螂对触摸刺激做出反应的转向方向。空心箭头表示转向的平均角度，黑色箭头表示触摸到右触角的位置。（本图由 C.M.Comer 等人提供）

通过以上研究，可以确定蝎子和蟑螂的避障和逃生行为是负向性反应。这也是标准反应。动物实际上会利用它们的传感系统从障碍物与之接触的一侧转开，这种负向性将被考虑用于步行机器人的行为控制，机器人会从刺激侧转开（如障碍探测）。这项生物学研究的其他内容表明，从解剖学角度看生物感觉系统（如蝎子的触觉毛发和昆虫触角）有些复杂。因此，本书没有对这些传感器的详细解剖进行建模。取而代之的是，与它们的神经预处理相关的物理传感器将以一种简单的方式模拟生物感觉系统的功能。

2.1.2　猎物捕获行为

所有的蜘蛛都是多毛生物，而且大多数蜘蛛的视力都非常差。因此，它们主要依靠毛发而不是眼睛来感知环境。毛发可以用来执行令人意想不到的各种任务 [见图 2.6（b）]。例如，蜘蛛腿上有触觉敏感的毛发，可以帮助它在周围环境中自由移动；还有对气流敏感的毛发，这对探测猎物很重要。此外，须肢上的毛发被用作化学感受器，其对味道和气味敏感，并且与配偶识别相关联。

通过对蜘蛛传感系统的简要研究，人们提出了与蜘蛛毛发相关的几种很吸引人的功能。到目前为止，人们对蜘蛛 Cupiennius salei 的毛发进行了详细研究 [见图 2.6（a）]。蜘蛛的毛发对气流敏感，被称为"盅毛"。实际上，盅毛是一种感觉器官，呈毛发状结构，由角质层中的一个腔体产生，重量低且非常灵活。因此，它对气流刺激和 40～600Hz 的低频范围内的听觉线索[①]极为敏感。通过使用这些毛发，蜘蛛能够探测到猎物（如嗡嗡作响的苍蝇），这种猎物产生的气流的频率约为 100Hz。换句话说，这个传感系统（毛发和神经信号处理相关）起到了匹

---

① 1883 年，F.Dahl 发现盅毛对小提琴的低音有反应，因此他把盅毛归类为"听毛"。1917 年，H.J.Hansen 发表了一篇描述蛛形纲动物感觉器官的文章，其中也提到了听毛。

配滤波的作用。它对重要的生物学信号（如猎物信号）做出反应，同时滤除周围的噪声和干扰信号（如背景气流）。这是因为大多数背景噪声都为低频（几 Hz）噪声，与猎物信号的频率对比非常明显。如图 2.7 所示显示了单个毛发对猎物信号（在距蜘蛛 5 厘米外的静止飞行时嗡嗡作响的苍蝇产生的气流）的反应。

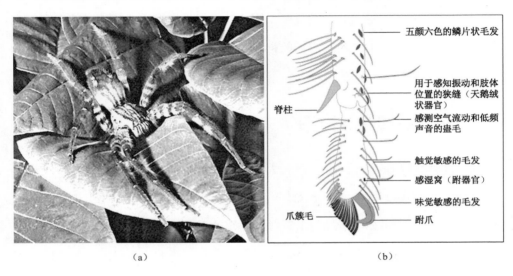

五颜六色的鳞片状毛发

用于感知振动和肢体位置的狭缝（天鹅绒状器官）

脊柱

感测空气流动和低频声音的盅毛

触觉敏感的毛发

感湿窝（跗器官）

味觉敏感的毛发

爪簇毛

跗爪

（a）　　　　　　　　　（b）

图 2.6

注：（a）游走蛛 Cupiennius salei。（F.Tomasinelli 版权所有，2002，并经许可转载）（b）蜘蛛腿上毛发的布局。（澳大利亚博物馆版权所有，2002，经许可转载）

事实上，游走蛛 Cupiennius salei 大约有 950 根盅毛，长度可达 1 400 微米，分布在游走蛛腿的跗节、跖骨和胫骨上（见图 2.7）。当一只嗡嗡作响的苍蝇在距蜘蛛大约 30 厘米的地方产生气流刺激时，这种传感系统足以执行"猎物捕获行为"。结果，游走蛛向刺激物的方向运动，然后跳到目标——嗡嗡作响的苍蝇那里。

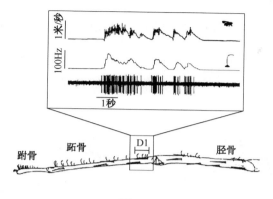

图 2.7

注：游走蛛 Cupiennius salei 腿上 D1 位置处的盅毛对飞蝇产生气流的信号记录。（转自 F.G.Barth，2002，第 253 页，有改动）

　　猎物捕获行为的系列图片如图 2.8 所示。如图所示，猎物的捕获行为代表一种正向性。这种反应多见于捕食性动物，如蜘蛛、蝎子等。它们通过传感系统，如感觉毛发，对猎物刺激做出反应。因此，它们转向刺激源方向，然后试图捕获目标猎物。蜘蛛的这种正向性和所描述的传感系统（盅毛）能够在步行机器人上（以抽象形态）再现，通常由嗡嗡作响的苍蝇发出的气流被大约 200Hz 的低频声音取代。此外，生物气流检测器被简化为物理声音检测器。因此，物理声音检测器连同相关的人工神经预处理[①]，将使步行机器人能够通过末端转向并接近声源（就像捕获猎物），从而对接通的声源做出反应。这种由声音引起的行为被称为"向音性"。

　　最终，这些不同的反应性行为将被集成到步行机器人的行为控制器中，控制器必须像在一个多功能的感知-动作系统中那样协作。例如，通过天线状传感器的

---

① 该物理传感系统及其神经预处理的表现应类似于盅毛的相关生物神经处理（匹配滤波器）。也就是说，物理传感器检测信号，而神经预处理充当匹配滤波器，只通过低频声音（200Hz）来触发所谓的向音性。

刺激产生负向性，而低频声触发正向性，这样步行机器人（捕食者）会跟随接通的声源（猎物信号），避开障碍物。

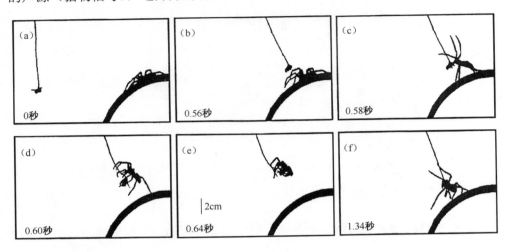

图 2.8

注：（a）—（f）显示了游走蛛 Cupiennius salei 跳向一只被束缚着嗡嗡作响的苍蝇的过程。每张图片的左下角都注明了动作时间（转自 F.G.Barth，2002，第 257 页，有改动）

2.2 步行动物的形态

为探索物理智能体的仿生神经控制，必须仔细设计特定智能体的身体，因为它定义了与环境可能发生的相互作用。此外，智能体的主体还决定了其成功运行的环境边界条件。神经控制的设计依赖智能体的形态，即传感器的类型和位置，以及致动器的配置。如果使用简化设计，对身体行为的研究就很受限，可能阻碍将神经控制有效地应用于复杂系统。因此，为了将神经控制有效地应用于复杂系统，应优选具有类似于步行动物的智能体。换句话说，受生物启发的仿生步行机器人是完成这项工作的主要机器人平台。这类机器人更具有吸引力，因为它们的行为类似于一般动物，但其在运动控制方面仍然面临挑战。

本书观察了两种步行动物以利于四足和六足步行机器人的腿和躯干设计（物理智能体）。四足步行机器人的结构灵感来自蝾螈高效步行模式的生物学原理，而六足步行机器人的腿和躯干设计则遵循蟑螂行走和攀爬的方式。下面描述这两种步行动物的形态细节。

2.2.1 蝾螈

蝾螈是一种脊椎步行动物，属于两栖类四足动物，它既能在陆地上爬行，又能在水面穿行。它可以从躯干中伸出四肢，以便在陆地上行走。每个肢体由大腿、小腿和足三个主要节段组成（见图2.9）。

（a）　　　　　　　　　　（b）

图 2.9

注：蝾螈的四肢。[经 G.Nafis（2005）（a）和 K.Grayson（2000）（b）许可转载]

蝾螈的四肢都很小，彼此相距很远，给运动造成了困难，尤其是在陆地上运动。因此，它还利用躯干前后弯曲的运动与四肢的运动相协调，实现高效的步行。蝾螈的躯干主要由沿着脊骨（肌肉组织）扩张的肌肉组成。这种肌肉组织的优势使运动更加灵活快捷，有助于爬行。通常，在陆地上运动时，蝾螈的躯干向一侧弯曲，使斜相对的四肢抬起的步长增加，一个斜对角的两肢向前推，另一个斜对角的两肢同时向后推，因此呈现的是对角小跑步态。如图 2.10 所示的一系列图片展示了蝾螈的陆地运动。

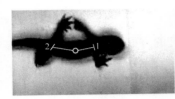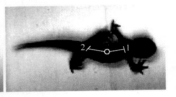

图 2.10

注：从左到右为蝾螈的运动过程。每张图片的空心圆连接第一段（1）和第二段（2）形成脊骨关节，使躯干主动弯曲以进行运动。[由 J.S.Kauer 提供（塔夫茨大学 Kauer 实验室）]

通过观察蝾螈的结构，我们设计了四足步行机器人的躯干，该躯干具有绕竖直轴旋转的脊骨关节，从而使关节更加灵活，运动更加迅速，就像蝾螈一样。每条腿的建模比蝾螈腿更简单，但仍然保持蝾螈肢体的操作——可以进行前后和上下运动（见 4.2 节）。

2.2.2 蟑螂

蟑螂是节肢动物门中的一种无脊椎步行动物。它有六条腿，每条腿由多个节段组成：髋、转节、股骨、胫骨和跗骨（足）。腿的上部节段一般向上指向，下部节段一般向下指向。腿像蝾螈一样从躯干中伸出来，它们围绕躯干，两条前腿指向前方，四条后腿通常指向后方，保持行走时的稳定性（见图 2.11）。这样的定向有助于攀爬障碍物，因此蟑螂可以很容易地向前移动它的前腿到达障碍物的顶部，而后腿则通过抬起躯干推动它的运动，最终实现爬过障碍物的行为[见图 2.3（c）]。此外，蟑螂的前腿用来探测来自前方的刺激，后腿则感知来自后方的刺激。

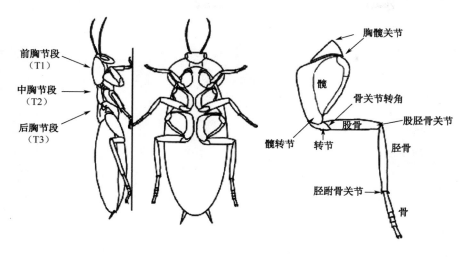

图 2.11

注：蟑螂的腿和躯干周围腿的方向。（转自 J.T.Watson 等人，2002，有改动）

　　由于腿数多，蟑螂通常采用步行模式中典型的三角步态，一侧前后腿和另一侧中腿同时支撑躯干（支撑相），另外三条腿离地（摆动相），交替行走。在正常情况下行走时，蟑螂的躯干不会像蝾螈那样前后弯曲，因为它的躯干不是由肌肉形成的，而是由三个主要节段组成的：前胸（T1）、中胸（T2）和后胸（T3）。这种结构可以在垂直表面和水平表面形成一定的角度，从而有利于攀爬障碍物。蟑螂可以在前胸和中胸节段之间的连接处向下弯曲躯干，保持支腿靠近障碍物的顶面，获得最佳的攀爬位置，甚至防止不稳定的动作（见图 2.12）。

　　受蟑螂形态学的启发，六足步行机器人的躯干由在水平轴上旋转的脊骨关节构成，就像蟑螂前胸和中胸节段之间的衔接。它可以提供足够的动力，让机器人爬过障碍物，将前腿向上抬起到达障碍物的顶部，然后在攀登台阶时将它们向下弯曲。六足步行机器人的每条腿都是按照蟑螂腿的运动设计的，由三个关节组成，其中第一个关节可以使腿向前和向后移动，第二个关节可以使腿向上和向下移动，最后一个关节用于抬高和压低，甚至用于腿的伸展和弯曲（更多细节见 4.2 节）。

图 2.12

注：爬过大障碍物的蟑螂。（转自 R. E. Ritzmann，2004，有改动）

2.3 步行动物的运动控制

　　步行动物的基本运动和步进节律大多依赖中枢模式发生器。中枢模式发生器是一组相互连接的神经元，可以被激活以产生运动模式，不需要感觉反馈。支持这一假说的证据最初是由 T.G.Brown 在 1911 年提出的。他发现了猫腿部肌肉的节律性活动，类似其行走时出现的活动，即便腿部感觉神经的所有输入都被消除，该模式仍然可以被激活。这是因为猫的运动过程位于脊髓中，因此即使猫的背根[①]被切断，腹根[②]仍然能够诱导有节律的模式化活动（见图 2.13）。1966 年，M. L. Shik 等人提出，没有高级神经系统（大脑半球和上脑干，见图 2.13）的猫仍然能够以受控的方式在跑步机上行走。这一系列结果证明了 T. G. Brown 最初的假说，即猫每条腿中的基本节律性活动可以在没有感觉输入的情况下产生。

---

① 脊神经的两个神经纤维束，将感觉信息传送到中枢神经系统。
② 脊神经的一部分，由源于脊髓前一段的运动纤维组成。

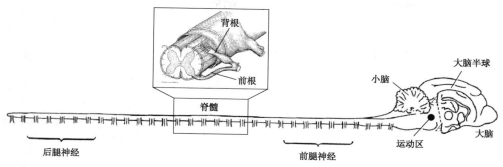

图 2.13

注：在横截面 A'–A 处从大脑半球和上脑干中切下的猫的脊髓和下脑干。[转自 K.G.Pearson（1976），Pearson Education 版权所有（2005）]

　　此外，S.Grillner 和他的同事在消除了受体腿部的感觉输入后，对猫的屈肌和伸肌活动规律进行了实验。他们发现，切断后腿节段的脊髓后，猫后腿的屈肌和伸肌仍然可以有节奏地活动。这一重要的结论说明，不仅脊髓可以产生节律性活动，每条腿的中枢模式发生器也起到了一定的作用。K.G.Pearson 和 J.F.Iles 在对蟑螂的研究中也获得了类似的结论：切断腿部的所有感觉输入后，后腿屈肌和伸肌运动神经元仍然能产生节律性活动。消除猫和蟑螂后腿受体的所有感觉输入后的节律性活动实例如图 2.14 所示。

　　中枢模式发生器的节律性动作与腿部运动的所有协调机制一起形成了基本的步行模式。猫有四种基本步态模式：行走、小跑、踱步和飞奔。在行走、小跑和踱步时，两条后腿的动作是不同步的，两条前腿的动作也不同步。这三种步态的不同之处在于猫身每侧两条腿的步进时序不同。例如，猫在慢走时，左前腿步进在左后腿之后、右后腿之前，正确步进顺序如下：左后腿—左前腿—右后腿—右前腿，如此反复。当行走速度达到对角腿同时迈步时，则说明动物在小跑。踱步时，猫身一侧的两条腿同时步进，在这种步态下，猫能够以比小跑略快的速度移动。猫最快的动作是飞奔，飞奔时，两条对角腿几乎同步移动，前腿和后腿不同步。蟑螂有六条腿，所以它的步行样式可以简单地由行走速度决定。对于快速行走步态，蟑螂总是由至少三条腿支撑。例如，左后腿、右中腿和左前腿同相迈步，其余腿异相迈步。因此，这种步态被称为三角步态。如果行走速度降低，步态发生改变，则蟑螂身体每侧的三条腿从后向前移动。猫和蟑螂的基本步态如图 2.15 所示。

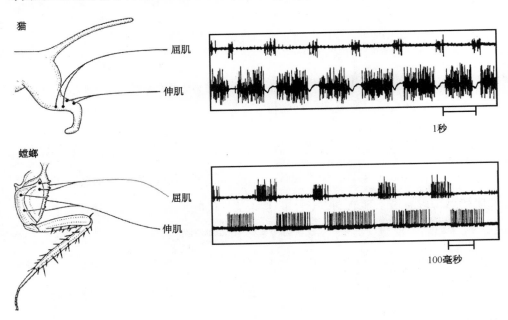

图 2.14

注：猫和蟑螂的每条腿中都有一个中枢模式发生器，这一事实证明，即使消除受体后腿的所有感觉输入，这些腿仍然可以发挥作用。这两种动物后腿的屈肌和伸肌可以产生有节奏的爆发式电活动。（转自 K.G.Pearson，1976，有改动）

　　上述中枢模式发生器是所有基本节律性步态产生的基础，但并不意味着感觉输入在运动模式中不重要。事实上，感觉输入也起着重要的作用，可以改变动物行为和步行模式。例如，动物利用腿部移动的感觉反馈来适应非常规的步行模式。常见的有竹节虫利用这一感觉反馈来产生协调良好的运动模式。此外，感觉输入还控制着应对环境刺激的动物行为，当然，它也会产生适当的动作。因此，一方面，腿的基本运动或节律性动作是由作为低级控制的中枢模式发生器产生的；另一方面，作为高级控制的感觉输入将形成不同的步行模式的指令，如改变行走步态（由慢到快）或改变行走方向。

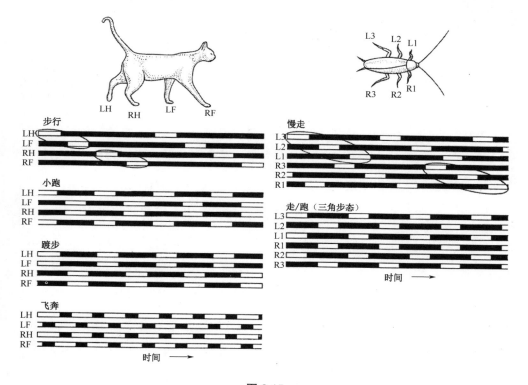

图 2.15

注：左列和右列分别描绘了猫和蟑螂的步态。白色块状表示脚和地面没有接触（摆动相），黑色块状表示脚和地面有接触（支撑相）。慢走时，这两种动物都有一个从后到前的步进顺序；序列用椭圆标记。（转自 K.G.Pearson，1976）

从仿生运动控制的角度出发，四足和六足步行机器人腿足的节律性动作基本由中枢模式发生器生成，并利用传感信息对腿足运动进行修正，从而获得各种不同的步行模式。因此，步行机器人通常采用四足对角小跑步态和六足三角步态，传感输入可控制机器人左转、右转甚至后行方向的运动（详见 5.2 节）。

2.4 **本章小结**

　　动物是机器人系统设计的优秀模型。动物表现出的行为极其有趣，可以作为步行机器人包括其物理传感系统的行为控制建模的灵感来源。通常，动物通过感官直接对环境做出反应。这种反应被定义为一种反应性行为，是表示步行机器人应如何对环境做出反应的基础。本书研究了两种不同的反应式行为及相关的传感系统，一种反应式行为是表现为负向性的避障行为，另一种反应式行为是表现为正向性的猎物捕获行为。这两种行为都将在步行机器人中以抽象的形式进行仿真。

　　我们试图模拟步行动物的形态。为了便于设计四足和六足步行机器人的腿和躯干，特别是利用脊骨关节或节段互连关节使机器人进行有效的运动，本文考虑了蝾螈和蟑螂的形态特征。此外，我们还对步行动物的基本运动控制进行了研究。动物的行走主要依赖中枢模式发生器，中枢模式发生器是一组相互连接的神经元，产生节律性输出，而不需要传感反馈。因此，四足和六足步行机器人的运动控制基本上通过实现中枢模式发生器的概念来产生，然后依据环境刺激的感觉信号来进行修改。

第 **3** 章

神经网络的概念与建模

本章介绍的方法和工具贯穿本书。本章首先简要介绍了生物神经元和人工神经元，然后比较了前馈神经网络和递归神经网络的网络结构，描述了具有递归连接的单神经元离散动态特性，最后提出了使用人工进化方法作为开发和优化神经结构及突触强度的工具。

3.1 神经网络

将人工神经网络应用于信号处理、机器人控制、机器人学习等广泛应用领域的研究表明，神经网络具有处理包括非线性等多种问题的能力。本书也提到了各种使用神经网络原理的原因。首先，神经网络基于生物神经处理系统，因此，它们是并行-分布的处理模式；其结构可以由大量的突触和神经元组成，这些突触和神经元可以同时传递和处理信息，伴随着强大的容错能力。也就是说，在整体神经网络系统停止正常工作之前，许多突触或神经元处于激活状态。其次，神经网络具有多项优良性能，如健壮性。如果设计了合适的在线学习方法，神经网络将具有自适应性及处理低噪声的能力，甚至表现出动力学行为（振荡、滞回、混沌模式等），特别是递归神经网络。最后，也是与本书相关的，神经网络能够构建一个由不同神经模块组成的机器人大脑，以合作或竞争的方式进行交互，从而产生需要的机器人行为。这意味着人工神经网络可以通过扩展现有的神经系统来改善机器人的行为，甚至获取具有健壮性的行为。

3.1.1 生物神经元

本节简单讨论生物神经元，以解释其结构和主要功能的基本概念。因此，此处不会详细描述生理过程，详细内容可参考 J.A.Anderson（1995）、R.Hecht-Nielsen（1990）和 R.Rojas（1996）。

人脑是宇宙中已知的最复杂的结构，它由大约 10^{11} 个神经元组成，这些神经元高度互连，并且通过连接网络进行通信，该连接网络的每个神经元大约具有 10^4

个突触，在整个网络中产生大约 10^{14} 个突触。如图 3.1 所示展示了由四个主要成分组成的生物神经元模型，这四个主要成分分别是树突、细胞体（胞体）、轴突和突触。

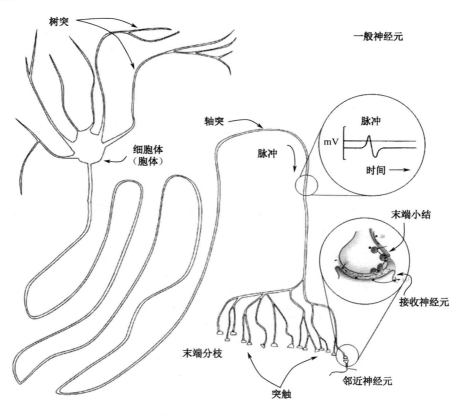

图 3.1

注：如图所示为一般神经元的示意和电脉冲的样本。（转自 J.A.Anderson，1995，第 7 页，有改动）

树突将其他神经元的信息传递到胞体，轴突通过突触与其他神经元连接。如果突触在尖峰状态下引起放电（提高神经元的激活水平），突触会产生刺激；如果突触阻止反应放电（降低神经元的激活水平），则突触会产生抑制。当刺激水平超过抑制（称为神经元的阈值）时，即发生放电，该值通常约为+40mV。由于突触连接会引起刺激或抑制反应，因此可对这些连接分别赋予正权值和负权值。

然而，人脑中存在大量不同类型的真实神经元，而且它们具有不同的树突形状。真实神经元的例子如图 3.2 所示。

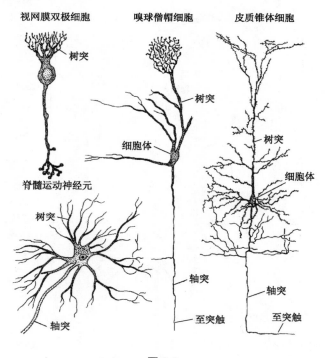

图 3.2

注：图中显示了四种不同类型的生物神经元，每种都表现出了特定的功能。（转自 S.W.Kuffler 等人，1984，第 10 页）

3.1.2 人工神经元

生物神经元在结构和功能上具有高度复杂性，可以在不同的细节层次上建模。人类不可能模拟出类似于生物神经元的人工神经元模型，因此必须以抽象的形式创建人工神经元，人工神经元仍然体现生物神经元的主要特征。在这种抽象形式的方法中，以离散时间步长进行模拟，且神经尖峰频率（也称激活率）[1]减少到平均激活率。它由一个简单的输出值给出，并忽略信号沿轴突传播的时间。

在详细描述人工神经模型之前，让我们比较一下神经系统中的生物神经元与抽象神经网络中各项内容之间的对应关系，以了解生物神经元是如何转化为抽象状态的（见表 3.1，转自 R.Pfeifer 和 C.Scheier，1999 年）。

表 3.1　神经系统与抽象神经网络的比较

神经系统	抽象神经网络
神经元	处理单元、节点、人工神经元、抽象神经元
树突	传入连接
细胞体（胞体）	激活水平、激活函数、传输函数、输出函数
刺突	节点输出
轴突	与其他神经元的连接
突触	连接强度或权重系数
尖峰传播	传播规律

标准加法神经元模型的结构如图 3.3 所示。这种神经结构连同给定的激活函数和传输函数贯穿本书。

所有加权输入（来自传感器或其他神经元，用 o_j 表示）和用作固定输入的偏置 b_i 经过简单相加并通过激活函数产生激活水平。因此，标准加法神经元的激活函数由式（3.1）给出：

$$a_i = \sum_{j=1}^{n} w_{ij} o_j + b_i, \quad i = 1, \cdots, n \tag{3.1}$$

———————————

[1] 神经元每秒产生的尖峰数。

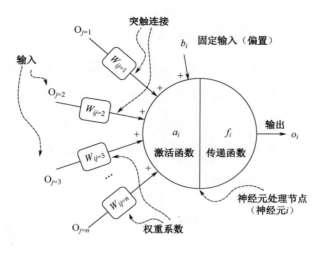

图 3.3

注：如图所示为人工神经元的结构。每个神经元可以有多个输入连接，这些连接可能来自其他神经元或传感器，但只有一个输出信号。此外，单个输出信号可以并行（可以携带相同信号的多个连接）分布到其他神经元或外部系统，如运动系统。

其中 a_i 是神经元 i 的活动，n 表示单元数量，w_{ij} 表示神经元 j 到 i 的连接突触强度或权重，b_i 指人工神经网络内部的固定偏置（常数），并平稳地输入给神经元 i 偏置，o_j 是（多个）输入。在离散时间步长中，在定义为整数值的每个时间步骤 t 更新激活。因此，等式（3.1）可改写为：

$$a_i(t+1) = \sum_{j=1}^{n} w_{ij} o_{j\,(t)} + b_i, \quad i=1, \cdots, n \qquad (3.2)$$

然后通过传输函数 f_i 变换得到激活函数，获得神经元输出 o_i。最常用的传输函数如图 3.4 所示。

线性阈值传输函数类似于阶梯函数。它对输入进行求和，刚开始神经元处于非激活状态（0 或 -1），直到达到阈值 θ，此时神经元变为激活状态（+1）[见图 3.4（a）]。线性传输函数[见图 3.4（b）]只是简单地对输入求和，经常用作外部输入信号（如来自传感器的信号）和已确定网络之间的缓冲器。神经网络模型中常用的传输函数是 sigmoid 或 logistic 传输函数[见图 3.4（c）]，它是阶梯函数的平滑版本。其输出值约为 0（或 ≈-1），处于低输入下界。在某个点上，它在较高输入状态饱和（上限 ≈+1）之前开始快速增加。本书的其余部分使用下限 ≈-1 的 sigmoid 传输函数，称为"双曲线传输函数"[tanh(x)]，该函数在控制机器人时更加便捷。通过观察发现许多生物神经元具有非零自发激活率，也证明了这一点。该传输函数的方程为：

$$f(a_i) = \tanh(a_i) = \frac{2}{1+e^{-2ai}} - 1 \tag{3.3}$$

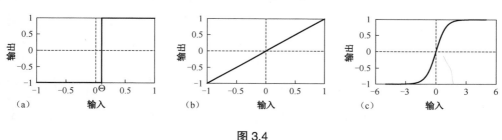

图 3.4

注：（a）—（c）为传输函数最常用的传输函数。其中（a）为线性阈值传输函数；（b）为线性传输函数；（c）为非线性 sigmoid 传输函数。

此传输函数在-1 和+1 之间有界。其边界可以解释为生物神经元中树突和胞体水平的突触输入的总和。通过应用 sigmoid 传输函数，神经元输出 o_i 确定如下：

$$f(a_i) = \tanh(\sum_{j=1}^{n} w_{ij}o_j + b_i) \tag{3.4}$$

在任何情况下，如果对神经元 i 的输入来自其他神经元（如神经元 j）而不是传感器，则离散时间域中标准加法神经元的激活函数可以描述为：

$$a_i(t+1) = \sum_{j=1}^{n} w_{ij}\tanh(a_j(t)) + b_i, \quad i=1, \cdots, n \tag{3.5}$$

3.1.3　人工神经网络原理

　　人工神经元的排列方式及其相互之间的联系对神经网络的处理能力有着深远影响。一般情况下，所有的神经网络都有一组接收外界输入（如传感器数据）的神经元。这个集合表示为"输入神经元"。许多神经网络都有一个或多个被称为"隐藏神经元"的内部神经元，负责接收来自其他神经元或自身的输入。代表神经网络最终结果的神经元集合被定义为"输出神经元"，该神经元被发送出去以控制外部设备（如电动机）。具有相似特征并以类似方式与其他神经元相连的神经元集合被称为"层"。

　　对于用来定义神经元输入、隐藏神经元和输出神经元之间数据流动方向的连接拓扑，可以将其分为两种不同类型的网络结构，即前馈网络和递归网络。前馈网络具有分层结构，每层都由神经元组成，在正下方的一层神经元接收输入，并将输出发送给正上方一层的神经元。该网络没有内部反馈，也就是说，只有正向连接才能产生神经元的前向运动。因此，前馈网络是静态的，也就是说，其输出仅依赖当前输入，网络仅代表简单的非线性输入-输出映射[见图 3.5（a）]。

　　相反，如果在允许信号循环传播（或反向活动）的连接结构内存在反馈，则该网络称为递归网络[见图 3.5（b）]。网络输出依赖过去的输入，因此，该网络可以表示各种动力学特性（如滞回、振荡甚至确定性混沌）。一些网络动力学行为有助于信号处理和机器人控制，也是本书采用的研究方法。因此，本书利用递归神经网络及其动力学行为来组成第 5 章中所述的多功能人工感知-动作系统。然而，利用网络创建系统的神经控制器时有两个需要注意的地方：输入神经元只能接收外部输入（传感器数据），而且神经元的输入和输出数量分别由所使用的传感器和电动机数量确定。

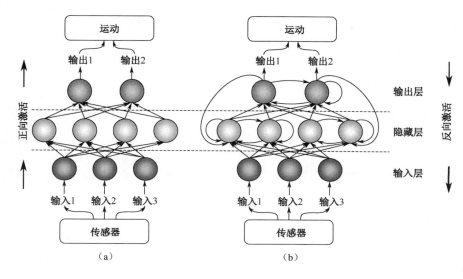

图 3.5

注：如图所示为前馈网络（a）和递归网络（b）的示例。通常，对于机器人控制，网络输入来自传感器，而输出发送到双曲传输函数。

3.2　单神经元的离散动力学

具有自连接的单神经元，即递归神经元模块，有几个有趣的（离散）动态特性，F.Pasemann 和其他人已经研究过这些特性。研究结果表明，具有刺激性自连接特性的单神经元具有滞回效应，而具有抑制性自连接特性的单神经元可以观察到倍周期轨道的稳定振荡。然而，在输入和自连接权重的特定参数域中这两种现象都存在。

本书在传感器信号的预处理和机器人控制中应用的是滞回效应（参阅5.1节）。

到目前为止，我们利用单神经元模型，讨论了所使用的递归神经元模块中动态特性的再现。相应动力学由输入 I 和自连接 w 参数化。自连接单神经元离散动力学由下式给出：

双曲线函数为：

$$a(t+1)=wf(a(t))+\theta \qquad (3.6)$$

$$f(a)=\tanh(a)=\frac{2}{1+e^{-2a}}-1 \qquad (3.7)$$

在式 3.6 中的参数 θ 代表固定偏置 b 与神经元的可变总输入 I 之和。本书所研究的自连接模型神经元如图 3.6 所示。

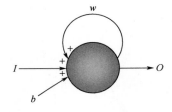

图 3.6

注： 自连接神经元模型。

如上所述，仅观察到了具有特定参数域的刺激性自连接的滞回效应。因此，这里只给出了刺激性自连接的动态。

通过模拟改变刺激性自连接的动力学行为及输入 θ，可以观察到两个不同的域（见图 3.7）。

在区域 I 中，系统存在唯一的稳定平衡态（一个固定点吸引子），而在区域 II 中，系统存在三个定态（一个不稳定固定点和两个共存的固定点吸引子，后者分别为低、高点）。实际上，当输入 θ 穿过区域 I 和 II 时，输出就会出现滞回效应。例如，当固定 $w=2$ 时，θ 扫描 -2 和 $+2$ 之间的输入间隔（见图 3.7 中 c 和 d 之间的箭头线）。如果 w 增加到 4，而 θ 仍然在输入间隔内（−2 和+2 之间）变化，即 θ 不会来回穿过区域Ⅰ和Ⅱ（见图 3.7 中 a 和 b 之间的箭头线）。相反，它在区域Ⅱ内变化；因此，依据输入开始的位置，输出 o 将停留在一个固定点吸引子（高或低固定点吸引子）。此外，滞回环路的宽度由自连接的强度 $w>+1$ 来定义。自连接越强，环路越宽。如图 3.8 所示比较了滞回环路的宽度。

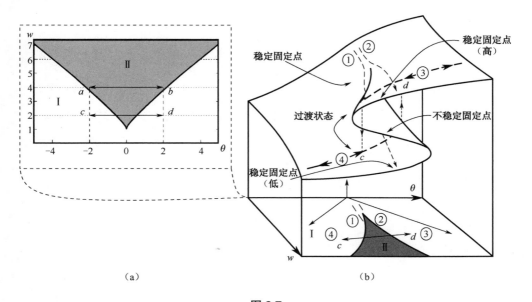

（a）　　　　　　　　　　　　（b）

图 3.7

注：如图所示为具有刺激性自连接的神经元动力学示例。（a）为一个稳定不动点（Ⅰ）、两个稳定固定点和一个不稳定固定点（Ⅱ）的参数域。（b）为关于神经元动力学的尖点突变。比较（a）、（b）两图，可以明显地看到区域Ⅱ中存在两个稳定固定点和一个不稳定固定点。同时也存在（b）中的过渡状态，其中系统从一个（低）稳定固定点变化到另一个（高）稳定固定点，反之亦然。（F.Pasemann，2005）

可以利用这种尺寸不同的滞回环路来进行机器人控制。例如，机器人躲避障碍物的转向角可以由滞回环路的宽度来确定。回路越宽，转向角度越大（见 5.1.3

节）。另外，在如图 3.9 所示的情况中，滞回效应取决于动态输入的频率，如缓慢和快速变化的输入。

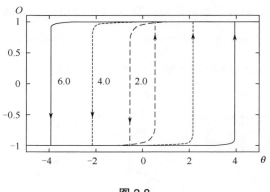

图 3.8

注：比较 $w=2.0$、4.0 和 6.0 时，输入 θ 和输出 O 之间的滞回效应。（F.Pasemann，2005）

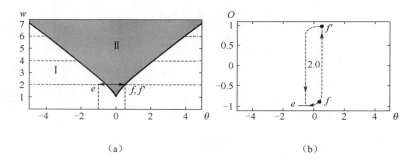

（a）　　　　　　　　　　　　　（b）

图 3.9

注：如图所示为具有动态输入的递归神经元动力学的示例。（a）表示动态输入 θ 在区域 I（$\theta \approx -1$）和边界附近（$\theta \approx 0.5$）之间变化，在该边界，系统可从一个固定点（低）跳至另一个固定点（高）。（b）表示固定 $w=2$ 时动态输入的滞回效应，详见正文。（F.Pasemann，2005）

在这种情况下，当动态输入频率较低时，会出现滞回现象，即系统将在一条路径中通过 f 从点 e 移动到 f'，在另一条路径中再次返回到点 e，从而产生滞回环路。如果动态输入的频率较高，系统将从 e 点移动到 f 点，由于瞬变，系统不能跳到 f' 点；由于信号变化足够快，瞬变现象无法消除，于是系统将以几乎相同的路径再次返回点 e。因此，不能观察到滞回环路。利用这一现象，采用针对特定参数域具有刺激性自连接的单神经元对不同频率的信号进行滤波，神经模块可用作低通滤波器（更多细节见 5.1.1 节）。

3.3 进化算法

采用进化算法优化神经网络的结构，并优化神经网络的突触权重。该算法受到遗传变异和选择规则的自然进化原理的启发。过去 30 年，人们开发出了许多进化算法。例如，J.H.Holland 在 20 世纪 70 年代提出了遗传算法（Genetic Algorithm，GA），I.Rechenberg 和 H.P.Schwefel 在 1960 年提出了进化策略（Evolutionary Strategy，ES），L. J. Fogel 等人在 20 世纪 60 年代初提出了进化规划（Evolutionary Programming，EP）。

在这里，ENS^3 被用作参考材料，为人工感知-动作系统方法产生神经控制单元和神经预处理单元。ENS^3 能够改善尺寸和连接结构，同时优化神经模块的参数，如突触权重和偏置。ENS^3 已经成功应用于机器人学及信号处理中的各种优化和控制。

ENS^3 算法是在 n 个神经模块（p_i，$i=1$，$\cdots$，n）的种群[①]上实施"变异—评估—选择"循环（见图 3.10）。

种群 p_i 由亲代 $P(t)$ 和子代 $\hat{P}(t)$ 两个集合组成，其中参数 t 表示种群的代。它

[①] 一个种群可以被确定为一个问题或一个适应度函数。

可以由一个仅由输入和输出神经元组成且无任何隐藏神经元和连接的空网络种群初始化（$t=0$），或者从给定的网络结构开始。但是，使用这种进化算法有两个限制：一是所有神经元的传输函数必须是相同的；二是输入神经元仅作为缓冲。因此，不允许与输入神经元进行反馈连接，但允许隐藏层和输出层中的每种连接，如自连接、刺激性连接和抑制性连接。

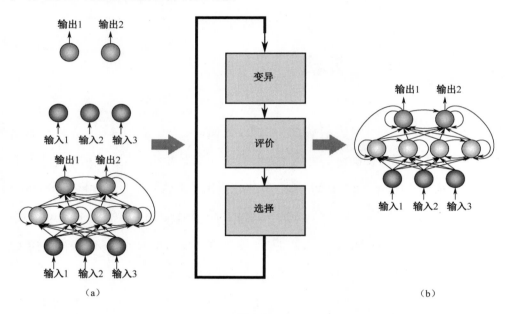

图 3.10

注：如图所示为 ENS³ 算法的一般功能。算法可以从空网络[（a）的顶部]或给定的网络结构[（a）的底部]开始。然后初始网络呈现"变异—评估—选择"过程（中间所示的循环图），该过程一直重复，直到用户手动停止，也可能在找到合理网络（右图）的情况下停止。

进化过程中需要考虑"变异—评估—选择"循环中的多个算子，表示如下：

$$p(t+1) = S(E(V(R\ p(t)))) \tag{3.8}$$

其中，$p \in P(t) \cup \hat{P}(t)$ 是个体种群，R、V、E 和 S 分别是繁殖、变异、评价和选择。

再生算子 R 从亲代组 $P(t)$ 中创建一定数量的单个神经元模块的副本。副本表示第 t 代中的子代 $\hat{P}(t)$ 群，副本数量由选择算子 S 计算。开始时，每个模块的初始值设置为 1（$t=0$）。

- 变异或变异算子 V 是一个随机算子，应用于子代 $\hat{P}(t)$，而亲代 $P(t)$ 是不允许变化的，该算子实现了组合优化和实值参数优化。其中，组合优化是指在进化过程中隐藏神经元和连接的数量可以增加或减少。根据给定的概率和随机变量（0，1）计算每个神经元和每个连接的概率；实值参数优化涉及偏置和权重项的变化，它是用高斯分布的随机变量（0，1）来计算的。

- 评估算子 E 是用适应度函数 F 定义的，该函数测量每个神经模块的性能或适应度值。为了使进化网络的规模保持在一定范围内，适应度值考虑了隐藏神经元和连接的数量，所需神经元和连接的数量可以借助成本系数的平均值取负数加到适应度函数。

- 选择算子 S 是随机算子。它从亲代和子代的种群中选择应该复制并传给下一代的神经模块，通过考虑基于排序过程和泊松分布的适应度值来实现。子代数大于 0 的神经模块将成为下一代亲代集的成员。

这一进化过程没有正式的停止标准。因此，进化过程一直重复，直到用户手动中断为止。这意味着用户必须通过观察所有基本参数（如适应度值）来手动决定过程何时停止。

ENS^3 算法是集成结构演化环境（Integrated Structure Erolution Environment，ISEE）的一部分。它是一个强大的软件平台，不仅可以用于结构演化，还可以用于演化结构的非线性分析，甚至可以连接不同的模拟器和物理机器人平台。ISEE平台结合了三个不同的组件，分别是进化程序 EvoSun，执行程序 Hinton 和模拟器，如图 3.11 所示。

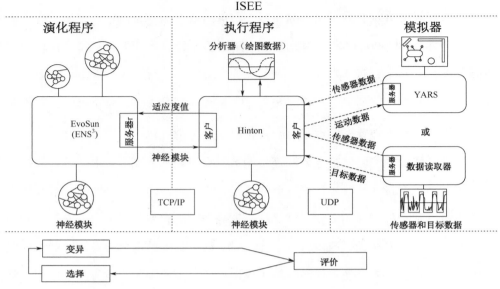

图 3.11

注：如图所示为带有 ISEE 的进化过程方案。（转自 Mahn，2003，第 32 页，有改动）

首先，在 EvoSun 中创建单个神经模块（复制过程），然后 EvoSun 将神经模块信息发送给 Hinton 进行处理（评估过程）。Hinton 每次只处理执行单个神经模块，并与模拟器通信。有两种模拟器可供进化过程使用：机器人模拟器（Yet Another Robot Simulator，YARS）和数据读取器。根据所需的任务，Hinton 必须连接其中一个模拟器。如果 Hinton 连接到 YARS，那么将分别发送电动机信号和接收传感器数据。在这种情况下，YARS 用于模拟虚拟环境中的步行机器人及其传感器（见 4.2 节）来测试和优化神经控制。模拟器以 75Hz 的更新频率进行一定数量的迭代（循环），这与目标系统的更新频率（移动处理器上的天线状传感器的一种预处理）类似。如果 Hinton 连接到数据读取器，将接收到传感器数据和目标数据（也称为训练数据）。此时，Hinton 被用作传感器数据和目标数据的缓冲器，用于开展神经预处理，其中的进化任务是使误差函数最小化。在这种情况下，根据传感器的模拟或记录数据的更新频率来处理所执行的神经模块。例如，如果在 1-GHz 处理器的个人计算机（Personal Computer，PC）上以 48kHz 的采样率通过声卡模拟或记录传感器数据，则更新频率为 48kHz；如果通过由个人数字助理（Personal Digital Assistant，PDA）和多伺服 IO-Board（Multi-Servo IO-Board，M Board，也称 M 板）组成的移动系统记录传感器数据，则传感器数据的更新频率约为 2kHz。

在这两种情况下，根据来自 YARS 或数据读取器的传感器数据来更新所执行的神经模块，然后计算神经模块的新输出信号。如果 Hinton 连接到 YARS，则产生的输出信号将作为电动机数据返回模拟器。只要未完成指定数量的循环，就根据给定的适应度函数不断计算适应度值，连续执行模拟处理。之后，所执行的神经模块的最终适应度值发回 EvoSun，并再次将一个新的神经模块发送给 Hinton 用于执行和评估处理，直到这一代的所有神经模块评估结束。然后 EvoSun 通过考虑基于排序过程的适应度值来选择一定数量的神经模块（选择过程）。由亲代和子代组成的神经模块被复制到下一代，子代继续其后的变异过程。由 Hinton 再次执行新一代的各个神经模块，并借助模拟器进行评估。"变异—评估—选择"循环运行，直到用户停止进化过程。在进化过程中，用户可以修改所有基本的进化参数，如种群规模、变异概率、评估步骤、神经元和突触的成本系数等。此外，用户还可以通过 EvoSun 在线监测种群参数、进化动态、个体属性、个体性能等，甚至可以通过 Hinton 的分析器工具对生成的神经模块进行分析。

3.4　本章小结

神经网络具有多项优良性能。例如，它们可以同时进行信息处理，具有自适应性，表现出动力学行为，甚至能够建立机器人大脑，集成不同的神经模块。特别是对于具有特定参数域的递归神经模块，可以观察到滞回效应。在感知信号及机器人控制的预处理中，我们可以从这种动态效应中获益。因此，我们可以在工作中充分应用人工神经网络。此外，提出进化算法 ENS^3 后，可利用自然进化原理，以变异规则、选择规则和评价规则的形式实现 ENS^3。一方面，该算法允许隐藏层和输出层中以不同方式进行连接；另一方面，相对于给定的适应度函数，可以保持尽可能小的网络结构。因此，可以产生具有小网络结构的递归神经模块。ENS^3 被用作开发和优化神经预处理和控制的工具，以实现人工感知-动作系统。

第 4 章

物理传感器和步行机器人平台

本章描述了促进人工感知-动作系统的物理部件的发展情况。首先介绍了用于感知环境信息的各种物理传感器，包括：听觉-触觉传感器，这是我们受到蜘蛛毛发的声音探测功能和蝎子毛发的触觉感测功能的启发而提出的一种类似于感觉毛发的人工听觉-触觉传感器；立体听觉传感器，介绍了立体听觉传感器的设置及应用于向音性方法的电子电路；天线状传感器，讨论了使用物理红外传感器作为功能等效的天线模型来检测障碍物。然后详细介绍了物理模拟环境中的模拟步行机器人及我们构建的步行机器人，包括不同形态的仿生四足和六足步行机器人的设计、构造及物理模拟软件。

4.1 物理传感器

如果让步行机器人根据环境条件产生不同的反应性行为，则需要感知信息。本章介绍了三个物理传感器系统，它们可以提供触发多种行为的信号，并在物理步行机器人平台上进行了测试。

4.1.1 人工听觉—触觉传感器

巴西游走蛛 Cupiennius salei 利用其四肢上的蛊毛捕食飞虫，蛊毛对第 2.1 节中描述的低频范围内的听觉线索也很敏感。与游走蛛不同，红爪蝎用它的毛发作为触觉传感器来执行任务，如避障任务。与蜘蛛和蝎子的这些听觉和触觉毛发传感器系统类似的系统可为轮式机器人和步行机器人中的传感器驱动控制系统提供环境信息。

真正的机器人有触觉传感器和听觉传感器，但是机器人学家还没有把这两个传感器的功能实现在一个传感系统上。M.Lungarella 等人和 H.Yokoi 等人引入了一种人工触须传感器，将真正的老鼠触须像毛发一样附着在电容麦克风上。M.Fend 等人将触须传感器应用于避障和纹理识别，而未提及用于声音检测的传感器。

这里，将触须传感器应用于听觉-触觉应用。它使自主式移动机器人和步行机器人能够在室内四处移动。传感器将保护机器人的身体，特别是步行机器人的腿，使其避免与障碍物相撞，如椅子或桌子腿。此外，随着向音性的实现，机器人还能够实现导航功能。听觉-触觉传感器由内置在集成放大器电路中的微型电容麦克风（直径 0.6 厘米）、根部（一小截橡皮线）和用老鼠胡须做成的材料（长 4 厘米）组成，如图 4.1 所示。

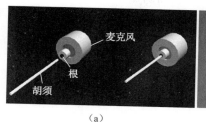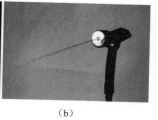

（a）　　　　　　　　　　　　　　（b）

图 4.1

注：听觉-触觉传感器由一根真实的老鼠胡须、一条橡皮线做的根和内置在集成放大电路中的微型电容麦克风组成。（a）为传感器的装配部件，（b）为内置在放大电路中的真正的传感器。

为了构建这种传感器，将老鼠胡须插入根部，然后粘在麦克风的膜片上。胡须的物理力使电容麦克风的膜片振动，产生电压信号，该信号通过微型麦克风上的集成放大电路放大。对于给定的输入信号（如正弦波信号），最大输出电压约为峰值电压的 1.8 倍。为了记录通过 PC 声卡的线入端口信号，信号必须在大约为 0.5 倍峰值电压的最大输出电压范围内缩放。在这一操作中，电位计起到了可变分压器的作用。然后在声卡上以 48kHz 的采样率对经缩放的输出信号进行数字化，以便于进行监测，随后将其反馈到神经预处理器中。传感器系统的基本方案如图 4.2 所示。

通过应用该传感器系统来获得触觉和听觉信号时，触觉信号需要的模数转换器（Analog to Digital Converter，ADC）应具备高采样率能力，如 48kHz；而听觉信号取决于所使用的频率，可以采用较低的采样速率进行数字化。传感器对经由线入端口记录的听觉信号和触觉信号的响应示例如图 4.3 所示。触觉信号具有频率稍高的振动波形，而听觉信号具有频率较低的正弦波形。这些不同的信号特性对于利用神经网络和进化方法寻求信号处理是至关重要的（见第 5 章）。

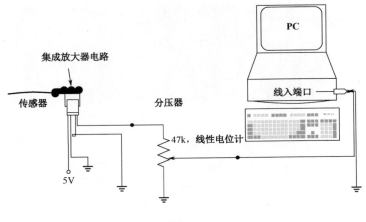

图 4.2

注：如图所示为听觉-触觉传感器系统的基本方案。检测到的信号首先通过微型麦克风的集成放大电路放大，然后通过可变分压器降低放大信号的振幅。最后，经缩放的信号进入线入端口进行数字化，然后传递给神经预处理器。

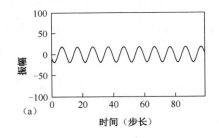 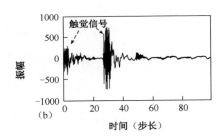

图 4.3

注：（a）扬声器产生 100Hz 的频率时，听觉-触觉传感器对听觉信号的响应。（b）传感器通过来回扫描物体产生触觉信号，所有图形在 x 轴具有相同的比例，在 y 轴则不同。

我们从游走蛛 Cupiennius salei 捕获猎物的行为中获得向音性启发，为实现向音性，可使用立体听觉传感器。传感器及其信号处理（见第 5 章）将使步行机器人能够检测声音[1]并辨别声源方向。经处理的传感器信号随后可以控制自主式移动

---

① 这里，向音性方法使用频率为 200Hz 的正弦波形声音。具有这种特性的声音后文将称之为听觉信号。

机器人在真实环境中向声源方向移动。

4.1.2　立体听觉传感器

下面介绍几个机器人实验示例，实验中使用听觉传感器（以麦克风的形式）来实现不同的目的。大多数研究人员使用一个由四个或更多麦克风组成的阵列来执行听觉源定位。尽管这样的系统可以在三维空间中检测信号并精确定位信号源，但计算信号处理器的成本太高，过程太复杂，耗能太多。SAIL 机器人使用麦克风在线学习口头命令，而一个名为 ROBITA 的人形机器人使用两个麦克风接听两人之间的对话。还有研究人员在研究听觉信号产生的行为时使用了两个微型麦克风，让机器人能够探测到模拟的雄蟋蟀的鸣叫声（声音为 4.8kHz），并向其移动。

上述研究表明，使用一个麦克风可以实现多项任务，甚至使用两个麦克风就能执行在二维空间中定位声源的任务。因此，本书所述的立体听觉传感器系统是由两个直径为 0.6 厘米的微型麦克风（用于二维空间中的左右检测）、一个配套电路和 M 板构建的。该系统适用于四足步行机器人。

考虑到来自两个麦克风（后文称之为立体听觉传感器）的声音存在到达时间延迟（Time Delay of Arrival，TDOA），麦克风安装在步行机器人的（移动的）左前腿和右后腿上。由于肢体移动，步行机器人能够以更大的角度范围扫描听觉信号。立体听觉传感器（左右麦克风）的安装位置如图 4.4 所示。

听觉信号最初通过麦克风的集成放大器电路进行放大，然后通过配套电路将其缩放到 0～5 伏。之后，通过 M 板的模数转换器通道以最高 5.7kHz 的采样率进行数字化。为获取传感器数据，M 板可以通过串行（RS232）端口与 PC 或 PDA 连接。立体听觉传感器系统的基本方案如图 4.5 所示。

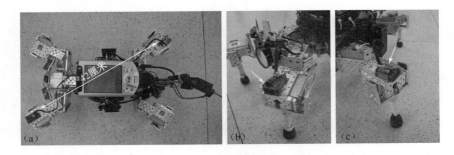

图 4.4

注：（a）立体听觉传感器中两个麦克风之间的距离为 42 厘米。（b）内置在前置放大电路中的真实传感器安装在步行机器人的左前腿上。（c）传感器安装在步行机器人的右后腿上。

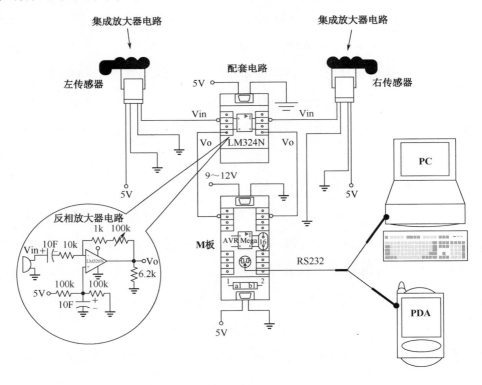

图 4.5

注：如图所示为立体听觉传感器系统的基本方案。来自左、右麦克风的检测信号最初经由麦克风的集成放大器电路被放大。然后，通过配套电路将放大的信号缩放到 0～5 伏。之后，M

板将缩放输出电压数字化至 7 位值，其中 0 表示静音，128 表示最大音量。最后，来自 M 板的数字信号通过 RS232 接口以 57.6kbits/s 的传输速率在 PC 或 PDA 上显示。

根据步行机器人的尺寸和两个麦克风之间的距离可知，左右之间的最大时间延迟相当于频率的四分之一波长——200Hz。传感器将经由 M 控制板记录并在 1-GHz PC 上显示的听觉信号响应示例如图 4.6 所示。如图所示，声源位置在左、右麦克风之间期望出现的时间延迟将用于信号处理以产生向音性。此外，信号振幅将用于预估步行机器人与声源之间的距离，其中高振幅指示接近声源，反之亦然（更多细节见第 5 章）。

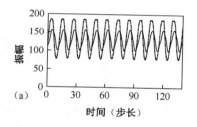 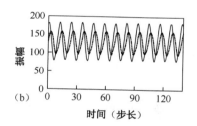

图 4.6

注：（a）声源靠近左前麦克风，导致来自左前麦克风（虚线）的信号具有高振幅，且来自右后麦克风（实线）的信号具有延迟，（b）与此相反。所有图形在 x 轴和 y 轴具有相同的比例。

4.1.3 天线状传感器

为了实现多功能的人工感知-动作系统，步行机器人不仅要有向音性，而且要像动物一样有其他行为表现，如四处走动、躲避物体，甚至死里逃生。

因此，需要额外的传感器来探测障碍物。受昆虫触角的启发，我们的物理传感器使用红外（Infrared，IR）传感器建模。红外传感器与昆虫触角有很多共同之处。虽然红外传感器的作用与昆虫触角不同，但通过测量物体反射的红外光亮度，得到的测量结果与昆虫触角是相同的。众所周知，在机器人学中，用红外传感器代替触角是一种简单的解决方案，也是一种低功耗的解决方案。大多数研究人员在移动机器人和步行机器人中使用传感器进行避障甚至沿墙跟踪。

本书选择了三种类型的红外传感器，后文称其为"天线状传感器"，用于探测距离为 4～30 厘米、10～80 厘米和 20～150 厘米的障碍物。在四足和六足步行机器人上操作天线状传感器并进行测试。在四足步行机器人 AMOS-WD02[1] 的（移动）前额安装两个天线状传感器，可以探测 10～80 厘米远的障碍物，与步行机器人的水平轴成约 25°，可手动调节角度以达到最佳操作。因此，步行机器人能够检测其身体左前方和右前方的障碍物（见图 4.7）。

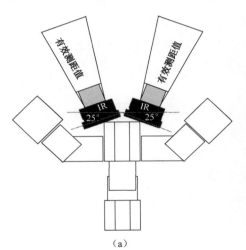

（a）

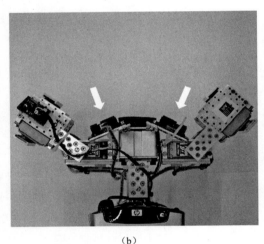

（b）

图 4.7

注：如图所示为在四足步行机器人前额安装天线状传感器。（a）为传感器轮廓俯视图，（b）为固定在四足步行机器人前额的传感器（箭头）。

对于四足步行机器人的结构，其头部（安装传感器）可以通过激活脊骨关节在步行模式下时沿垂直方向左右转动。因此，传感器还可以在更宽的角度范围内

---

① 先进的移动传感器驱动-步行装置。

扫描障碍物。换句话说，传感器就像一个有源天线扫描二维空间中的障碍物（见图 4.8）。通常情况下，步行机器人左右额头上的两个天线状传感器足以执行避障任务。然而，为了防止步行机器人的腿撞到障碍物，如椅子或桌子腿，需要用到更多的传感器，将它们安装在（移动的）腿上。

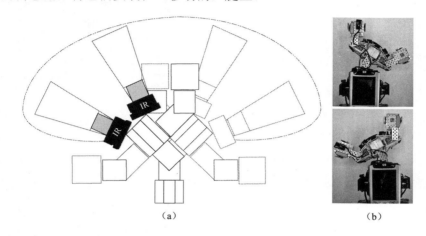

（a）　　　　　　　　　　　　　　（b）

图 4.8

注：如图所示为激活步行机器人脊骨关节时天线状传感器的理想位置。（a）为传感器可以扫描障碍物的理想位置轮廓（虚曲线）。（b）为当脊骨关节右转（上图）和左转（下图）时，传感器随步行机器人头部移动的可视化图像。

六足步行机器人 AMOS-WD06 采用了六个传感器。其中两个传感器可以探测 20～150 厘米较远距离的障碍物固定在机器人的前额，其余四个传感器可以探测 4～30 厘米较近距离的障碍物，固定在机器人的两条前腿和两条中腿上。AMOS-WD06 上的传感器配置和传感器的理想位置如图 4.9 所示。

六足步行机器人沿着支腿移动，其中一对安装在机器人前额的传感器就像检测步行机器人前方障碍物的无源天线，而安装在（移动的）腿上的另外两对传感器就像有源天线。因此，这些（主动）传感器可以在三维空间中扫描障碍物，实现在平行地面向前和向后移动，也可以垂直向上和向下移动（见图 4.10）。

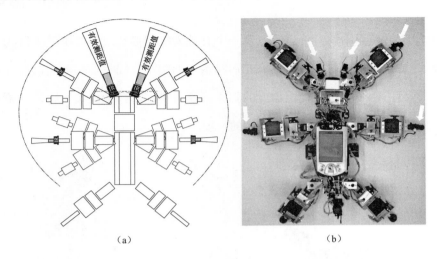

有效测距值　有效测距值

（a）　　　　　　　　　　（b）

图 4.9

注：（a）为天线状传感器位置的可视化图，以及保护六足步行机器人不撞到障碍物（步行机器人周围的虚线）的天线状传感器的理想位置。（b）为六足步行机器人身上的六个传感器（箭头）。

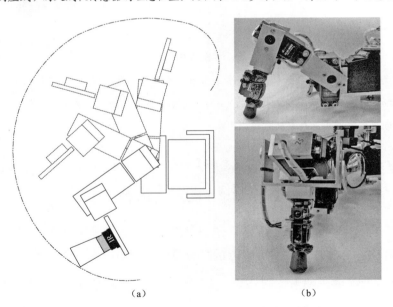

（a）　　　　　　　　　　（b）

图 4.10

注：（a）如图所示，天线状传感器的理想位置（虚曲线）是在六足步行机器人的右前腿上，

其余传感器安装在其他腿上。当基部和末端关节被激活时，传感器在垂直方向移动。（b）为六足步行机器人右前腿上的物理传感器。

为获得用于控制步行机器人行为的传感数据，所有传感器都通过 M 板的模数转换器通道以高达 5.7kHz 的采样率进行连接和数字化。随后，数字信号通过 RS232 接口以 57.6kbit/s 的传输速率发送到 PC 或 PDA，用于监控，随后将数据送入预处理网络。天线状传感器系统的基本方案如图 4.11 所示。

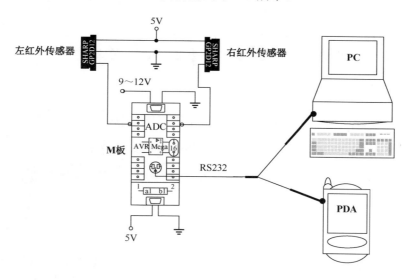

图 4.11

注：天线状传感器系统的基本方案。这里有两种传感器，它们连接到 M 板的模数转换器通道。来自 M 板的数字信号将通过 RS232 接口在 PC 或 PDA 上显示或分析

传感器信号响应示例如图 4.12 所示。传感器信号的一些噪声导致信号不均匀，这可能导致控制步行机器人行为方面存在困难。因此，需要对这些传感器信号进行预处理（如 5.1.3 节所述），以消除不需要的感觉噪声，并触发步行机器人的避障行为。

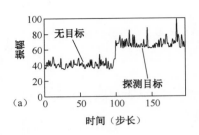 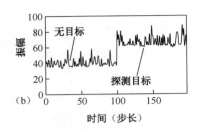

图 4.12

注：来自四足步行机器人的左前额（a）和右前额（b）的感觉信号。

4.2 步行机器人平台

为了说明反应性行为并用神经控制器进行实验，需要一个移动式机器人平台，该机器人应具有类似步行动物的形态。大多数机器人的躯干未设计脊骨关节，但其中一些机器人因具有不同的配置而具备一定的优势。这些配置促进了机器人运动的稳定性和灵活性，同时保持了动物特性。

因此，四足和六足步行机器人分别以类似蝾螈和蟑螂身体结构的形态构造而成，先在 3D 模型中设计并可视化，然后组装物理部件。此外，在将神经控制器应用到实际步行机器人中之前，还要使用物理模拟来创建虚拟样机，并对其进行测试和实验。

4.2.1 四足步行机器人 AMOS-WD02

AMOS-WD02 由四条相同的支腿组成。每条腿有两个关节（两个 DOF），这是让步行机器人实现运动的最低要求，遵循了蝾螈腿运动的基本原理。腿的上关节称为胸椎关节，可使腿向前（前伸）和向后（回缩）移动；下关节称为基关节，可使腿向上（抬高）和向下（凹陷）移动。

连接到基关节的腿杆长度与机器人的尺寸成正比。保持短的尺寸可以避免致动器扭矩过大。如图 4.13 所示为由结构组件构建的 AMOS-WD02 的腿部配置。

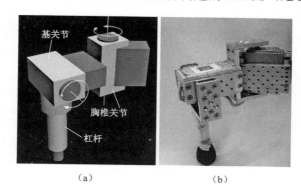

（a）　　　　　　　　　　（b）

图 4.13

注：AMOS-WD02 两条具有 DOF 的腿部。（a）为 AMOS-WD02 腿部的 3D 模型，（b）为 AMOS-WD02 的物理腿部。

仿照蝾螈躯干及其运动的脊椎动物形态学，AMOS-WD02 构造了一个可以绕垂直轴旋转的脊骨关节。该设置使运动更加灵活、便捷[①]。脊骨关节也用来连接躯干和头部，躯干有两条后腿，头部有两条前腿。躯干和头部形成最大的对称性，使 AMOS-WD02 在行走时保持平衡、稳定。相关设计尽可能偏窄，以确保从支撑腿到躯干中心线的最佳扭矩。AMOS-WD02 的构造连同腿部和主动脊骨关节的工作空间如图 4.14 所示。尺寸细节见附录 A。

此外，AMOS-WD02 的躯干后部实现了水平（y 轴）和垂直（z 轴）方向具有两个旋转 DOF 的尾翼。实际上自主移动式尾翼主要用来安装一个微型无线摄像头，监测步行机器人行走时的环境，同时使步行机器人在外观上与动物更加相像。

---

① 当主干关节失活时，步行速度约为 12.7cm/s；当主干关节按照步行模式激活时，步行速度约为 16.3cm/s。（在机器行走频率为 0.8Hz 时进行测量）。

例如，将尾翼设计得像蝎子的尾巴和它的刺毛（见图4.15）。

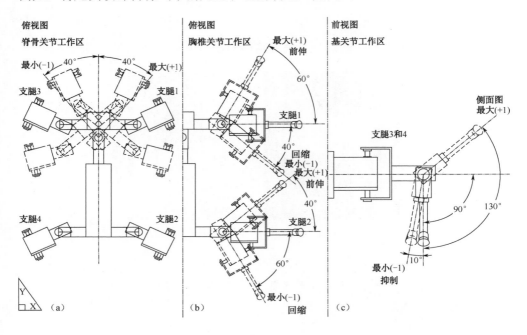

图 4.14

注：（a）AMOS-WD02 脊骨关节的角度范围（俯视图）。（b）AMOS-WD02 右侧所有胸椎关节的角度范围，左侧对称（俯视图）。（c）AMOS-WD02 左前腿关节的角度范围，其余腿的角度范围相同（前视图）。

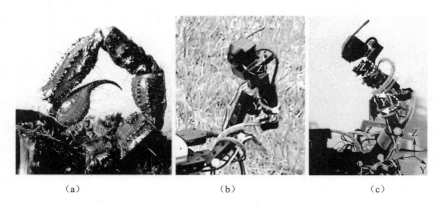

图 4.15

注：（a）为带刺毛的蝎子尾翼。（转自 S.R.Petersen，2005，有改动）（b）为四足步行机器人 AMOS—WD02 的尾部。（c）为六足步行机器人 AMOS-WD06 的尾部。具有两个 DOF 的尾翼是以蝎子尾翼的抽象形式构造的，主要用于安装摄像头。

AMOS-WD02 的所有腿部关节均由模拟航模伺服电动机驱动，产生 70～90Ncm 的扭矩。脊骨关节由扭矩为 200～220Ncm 的数字伺服电动机驱动。对于尾部关节，选用扭矩约为 20Ncm 的微模拟伺服电动机。无尾翼的 AMOS-WD02 高 14 厘米，装备齐全的 AMOS-WD02 包括 11 个伺服电动机、所有电子元件、电池组和一个移动处理器，重量大约为 3.3 千克。此外，还有两个天线状传感器和两个听觉传感器来产生不同的反应性行为，如避障和向音性。AMOS-WD02 的 3D 模型和实物如图 4.16 所示。

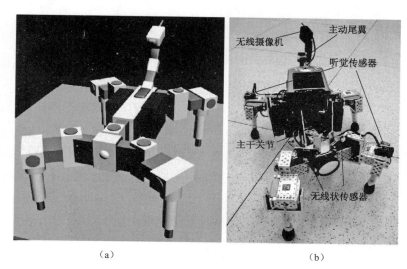

图 4.16

注：（a）为 AMOS-WD02 的 3D 模型。（b）为 AMOS-WD02 的实物。

综上所述，AMOS-WD02 具有 11 个主动 DOF、4 个传感器和 1 个无线摄像头（有关 AMOS-WD02 的更多细节，请参见附录 A）。因此，它可以作为复杂的实验载体，用来研究神经感知-动作系统的功能。

为了测试神经控制器及观察步行机器人产生的行为（如避障），我们首先在物理模拟环境 YARS 中进行了仿真。该模拟器基于开放动力学引擎（Open Dynamics Engine，ODE），由位于 Sankt Augustin 的弗劳恩霍夫研究所开发。它提供了一组确定的几何形状、关节、电动机和传感器，能够在有障碍物的虚拟环境中创建具有红外传感器的 AMOS-WD02（见图 4.17）。

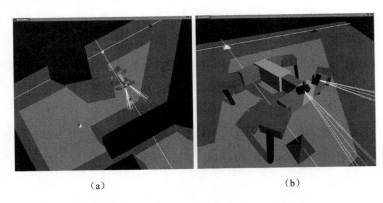

（a）　　　　　　　　　　　　　（b）

图 4.17

注：如图所示为仿真 AMOS-WD02 在其所处环境中的不同视图，根据 AMOS-WD02 实物的物理特性，如重量、尺寸、电动机转矩等定义所有仿真部件的特性。仿真 AMOS-WD02 由身体部分（头部、脊骨关节、躯干和四肢）、伺服电动机和红外传感器组成，无听觉传感器。

在 YARS 中的首次模拟实现了足够精确的物理步行机器人行为，表现良好。这个模拟环境还可连接到 ISEE。

在最后阶段，模拟器测试后开发出神经控制器并将其应用到物理 AMOS-WD02 上，演示真实环境下的行为。将神经控制器编程到移动处理器（PDA）中，PDA 与 M 板连接，M 板将感觉信号数字化，并以 20 毫秒的周期产生脉宽调制（Pulse Width Modulation，PWM）信号，控制伺服电动机。PDA 与 M 板之间通过 57.6kbit/s 的 RS232 接口完成通信。

六足步行机器人 AMOS-WD06

AMOS-WD06 由六条相同的支腿组成，每条支腿有三个关节（三个 DOF），有点类似于蟑螂腿。胸椎关节功能与 AMOS-WD02 相似，而另两个关节、基关节和末端关节用于抬起（抬高）降低（压低），以及支腿的伸展弯曲。末端关节的连接方式与 AMOS-WD02 相同。AMOS-WD06 的支腿配置如图 4.18 所示。

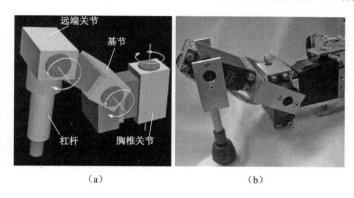

（a）　　　　　　　　　　（b）

图 4.18

注：如图所示为两条具有三个自由度的支腿。（a）为 AMOS-WD06 支腿的 3D 模型。（b）为 AMOS-WD06 的物理腿部。

这种腿部配置为 AMOS-WD06 提供了执行全方位步行的能力，可以向前、向后、侧向行走，以及以不同半径转弯。此外，AMOS-WD06 还可以通过前后运动和横向的左右运动来执行向左或向右的斜向前或斜向后运动。支腿的高机动性能使 AMOS-WD06 能够翻越障碍物，以倒立的姿势站立甚至翻越障碍物（见图 4.19）。

仿照蟑螂躯干的无脊椎动物形态及其运动，我们构造了一个可沿水平轴旋转的脊骨关节，使 AMOS-WD06 像蟑螂一样翻越障碍物。而在 AMOS-WD06 正常行走的情况下，主动脊骨关节会被固定。其主要用来连接躯干和头部，躯干有两条中腿和两条后腿，头部有两条前腿。主干和头部的设计理念与 AMOS-WD02 相同。

AMOS-WD06 的结构及腿部和活动脊骨关节的工作区如图 4.20 所示（另见附录 A）。

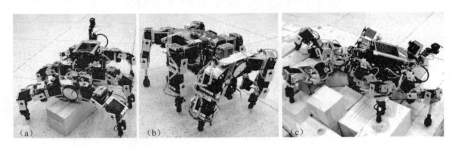

图 4.19

注：AMOS-WD06 在最高 7 厘米的障碍物上行走时（a）、倒立（b）和以自主式脊骨关节
在障碍物上爬升（c）。

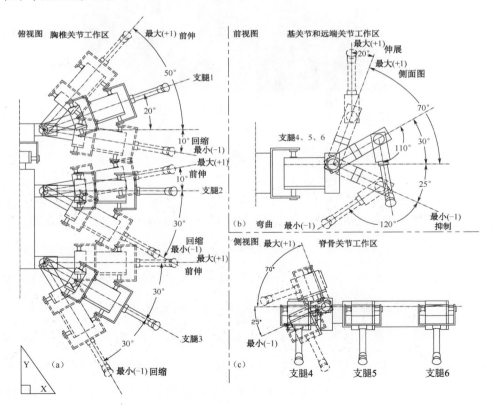

图 4.20

注：（a）AMOS-WD06 右侧所有胸椎关节的角度范围，左侧对称（俯视图）。（b）AMOS-WD06 左前腿末端关节的角度范围，其余腿的角度范围相同（前视图）。（c）AMOS-WD06 脊骨关节的角度范围（侧视图）。

与 AMOS-WD02 类似，AMOS-WD06 的躯干背部具有一个相同配置的（自主）尾翼（见图 4.15），该尾翼功能与 AMOS-WD02 类似。所有支腿关节均由模拟伺服电动机驱动，产生 80～100Ncm 的扭矩。对于脊骨关节和尾翼关节，采用了与 AMOS-WD02 相同的电动机。无尾翼的 AMOS-WD06 高 12 厘米，装备齐全后（包括 21 个伺服电动机、所有电子元件、电池组和一个移动处理器）的重量大约为 4.2 千克。

和 AMOS-WD02 一样，AMOS-WD06 尾部安装了内置麦克风的迷你无线摄像头，用于行走时对环境进行监控和观察。此外，AMOS-WD06 有六个天线状感应器来帮助探测障碍物，还有一个倒置探测器，它被安装在机器人的躯干旁。AMOS-WD06 的 3D 模型和实物如图 4.21 所示。

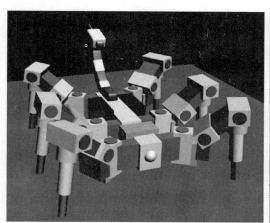
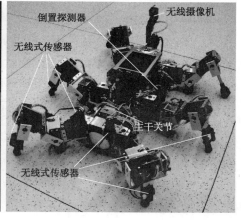

图 4.21

注：（a）为 AMOS-WD06 的 3D 模型。（b）为 AMOS-WD06 实物。

综上所述，AMOS-WD06 具有 21 个主动自由度、7 个传感器和 1 个无线摄像头（有关 AMOS-WD02 的更多细节，请参见附录 A）。因此，它也可以像 AMOS-WD02 一样作为测试平台。AMOS-WD06 进行模拟时采用 YARS 实现与 AMOS-WD02 相同的虚拟环境和目的。仿真 AMOS-WD06 的基本特征，如重量、尺寸、电动机转矩等，都与物理步行机器人紧密耦合。它由身体部分（头部、脊骨关节、躯干和四肢）、伺服电动机、红外传感器和附加的尾翼组成。仿真 AMOS-WD06 及其虚拟环境如图 4.22 所示。

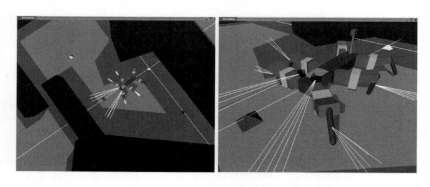

图 4.22

注：如图所示为仿真 AMOS-WD06 在其所处环境中的不同视图。

最终的神经控制器也将在物理 AMOS-WD06 上运用，用于测试其在真实环境中的行为。同样，在相同的移动处理器系统中编程控制器，更新频率与 AMOS-WD02 相同。

4.3 本章小结

我们使用了三种类型的物理传感器系统：听觉-触觉传感器，立体听觉传感器和天线状传感器。听觉-触觉传感器是仿照蝎子和蜘蛛毛发功能设计的，既可以用于触觉感知，也可以用于声音检测。利用类似蜘蛛毛发的立体听觉传感器，确定来自左、右听觉传感器的信号 TDOA，检测声音并区分声音的传入方向。天线状传感器用于检测障碍物，以及避免步行机器人的腿部与障碍物碰撞。

　　我们利用物理部件搭建了两台形态不同的步行机器人——AMOS-WD02 和 AMOS-WD06，并将它们在物理模拟环境中进行了仿真，主要是为了开发和测试神经控制器，然后操作现实世界中的步行机器人。因此，步行机器人和传感器系统可以作为神经控制器实验和人工感知-动作系统的硬件平台。

第 5 章

人工感知—动作系统

第 2 章研究了仿生学的感知—动作系统。本章着重于应用生物领域的理论来构建人工感知—动作系统。本章首先介绍了几种不同类型的感觉信号预处理单元。它们被用来过滤和识别相应的感觉信号，可以描述为感知部分。然后介绍了用于生成和控制四足和六足机器人运动的神经控制理论。接着阐述了神经预处理与神经控制的结合，以及结合后产生避障和向音性反应性行为的控制能力。最后通过应用传感器融合技术，将这两种反应性行为控制融合在一个行为融合控制器下，得到多功能的感知—动作系统。

5.1　感觉信号的神经预处理

本节介绍三种不同类型的神经预处理模块,主要使用递归神经网络动态特性。第一个模块是听觉信号预处理,用于预处理通过立体听觉传感器或听觉—触觉传感器检测到的听觉信号。它由两个次级网络组成:一个用于过滤听觉信号以检测低频声音;另一个用于区分检测信号的左右方向。第二个模块是触觉信号预处理,具备识别来自听觉—触觉传感器的触觉信息的能力。第三个模块是天线状传感器数据预处理,可以消除传感器的噪声,并将其输出用于控制机器人的行走行为,以避开障碍物甚至规避拐角。

5.1.1　听觉信号预处理

受蜘蛛感觉毛发功能的启发,我们研究了听觉信号的处理过程。听觉信号处理功能类似于前文描述的感觉和传感系统。它使步行机器人能够识别低频声音信号,并区分来自左侧或右侧的听觉信号。为了创建这样的信号处理机制,我们首先研究了充当低通滤波器的简单网络。然后构建了帮助步行机器人识别声源方向的另一个网络。最后将两种网络集成在一起,形成完整的听觉信号处理网络,并将这种有效的网络应用于立体听觉传感器或听觉—触觉传感器的信号预处理。

用于检测听觉信号的低通滤波器

为了建立一个能够检测低频声音信号的网络,我们采用了人工神经网络和进化算法相结合的方法。此外,在更新频率为 48 kHz 的 1-GHz PC 上模拟了 100 Hz 和 1 000 Hz 混合的正弦波形输入信号。输入信号被映射到-1～+1,然后缓冲到模拟器（数据读取器）中传送数据以改进或测试网络。为了简化问题，一开始使用了具有恒定振幅的理想无噪声信号[见图 5.1（a）]。如果发现一个网络能够区分低频（100Hz）和高频（1 000Hz）声音，下一步就是施加振幅不同的信号[见图 5.1（b）]，信号通过物理听觉—触觉传感器进行记录。在 1-GHz PC 上，通过声卡的线入端口以 48 kHz 的采样率将记录的信号数字化。

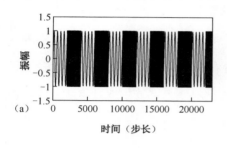
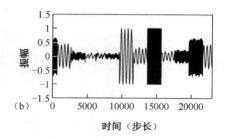

图 5.1

注：正弦波形的输入信号混合在 100Hz 和 1 000Hz 之间。（a）为模拟的恒定振幅无噪声信号。（b）为通过物理传感器记录振幅变化的噪声信号。两个信号都以 48kHz 的频率更新。

在神经预处理结构的设计中，采用具有滞回效应的单模型神经元。也就是说，该网络由一个输入神经元和一个与动态神经施米特触发器相对应的具有正自连接的神经元组成。通过连接 ISEE 和数据读取器，我们构建了网络，并进行了实验和分析。在本实验中，网络以 48kHz 的频率更新。从输入单元到输出单元的权重（$W_1=1$）和偏置（$B=-0.1$）是固定的，而输出单元的自连接权重 W_2 从 0 变成 2.5。向网络输入振幅恒定的理想无噪声信号。当 $W_2=2.45$ 时，该网络抑制 1 000Hz 的高频声音信号，而 100Hz 的低频声音信号可以通过该网络。由此产生的网络称为"简单听觉网络"，如图 5.2 所示。

此外，我们在 100～1000Hz 不同输入信号频率下测试了所得到的网络[见图 5.3（a）]。输出信号显示，可以检测频率高达约 300Hz 的信号[见图 5.3（b）

中的虚线框]，其中该频率被定义为如图 5.2（b）所示网络的截止频率。

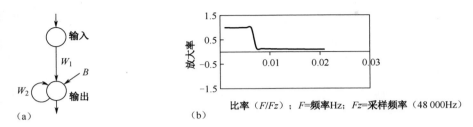

比率（F/Fz）；F=频率Hz；Fz=采样频率（48 000Hz）

图 5.2

注：（a）为实现低通滤波器的简单听觉网络；参数为 W_1=1、W_2=2.45 和 B=-0.1。（b）为截止频率约为 300Hz 时，该网络的特性曲线。

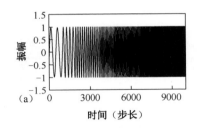
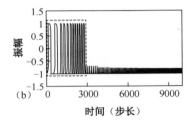

图 5.3

注：（a）为输入信号的频率从 100Hz 到 1 000Hz 的变化。（b）为网络输出信号，其中的虚线框部分表示网络可以检测到听觉信号的频率范围（从 100Hz 到大约 300Hz）。

结果表明，这种特定参数的简单听觉网络具有低通滤波器的特性。通过改变输出单元的自连接权重 W_2，可以观察到由滞回效应导致的输出信号分离，该分离信号随频率变化而变化。这提示我们，具有自连接单神经元的滞回区域可以对信号的滤波起到重要作用。

为了直观地观察这一现象，我们绘制了低频和高频信号的输出与输入关系（见图 5.4），根据自耦合的不同强度，可以比较不同的滞回效应。从图中可以看出，当 W_2=0.25 时，高频声音的滞回效应已经发生，但对于低频声音还无法观察到。

如果将 W_2 增大至 2.45，则大部分高频声音会被抑制（输出信号的小振幅），而低频声音的滞回效应会在几乎饱和值（约-1 和+1）之间切换振幅。当把自连接强度提高到 W_2=2.50 时，低频声音也被抑制。

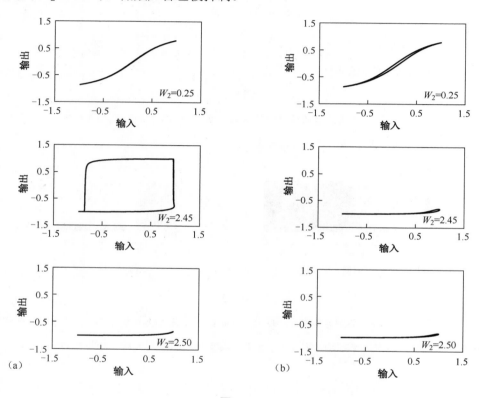

图 5.4

注：如图所示比较了在 W_2 为 0.25、2.45、2.50 时，高、低频声音输入和输出信号之间的滞回效应。其中（a）为低频（100Hz）声音；（b）为高频（1 000Hz）声音。

由于偏置支配神经元的基本活动，因此高频输出的振幅得到补偿，在-0.804 和-0.998 之间以小振幅振荡，最终不会升到 0 以上。在这种情况下，我们提出了针对具有此特定偏差（-0.1）和权重（W_2=2.45）配置的低通滤波器函数。神经网络表现为低通滤波器，因为高频声音的输出振幅保持在-0.9 左右，而低频声音的输出振幅始终在-0.997 和 0.998 之间振荡。

在建立了单神经元作为恒定振幅无噪声信号的低通滤波器之后，接下来要派生一个网络，该网络的行为类似于鲁棒低通滤波器，并且能够识别真实环境中的低频声音。网络的输入信号通过物理听觉—触觉传感器进行记录，并以 48kHz 的采样率进行数字化。然后将其映射到-1 和+1 之间，并保存到数据读取器中。接着将简单的听觉网络通过增加一个自连接隐藏单元，并通过 ISEE 手动调整权重进行改进。在特定参数下，网络表现为鲁棒低通滤波器，能够检测出噪声较大的低频声音，最终获得高级听觉网络[①]，如图 5.5 所示。

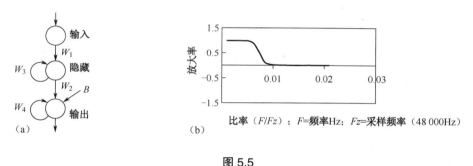

图 5.5

注：（a）为主要高级听觉网络，用作振幅变化噪声信号的低通滤波器。偏置 B 等于-6.7，所有权重均为正，$W_1=0.01$，$W_2=32$，$W_3=1$，$W_4=0.27$。（b）为截止频率约为 400Hz 时，该网络的特性曲线。

应当指出，只有当输入信号的振幅高于阈值（此处为 0.5）时，网络才能识别输入信号。因此，该网络与蜘蛛的传感系统类似，因为它可以在很近的距离探测到猎物的信号，这意味着探测到的信号振幅也应高于阈值。

鉴于该网络的特性，将频率从 100Hz 到 1 000Hz 且振幅恒定的输入信号提供给该网络，如图 5.6（a）所示。输出信号与给定输入的关系如图 5.6（b）所示。

---

① 该网络因其简单的神经结构和能够检测振幅变化低频带噪信号的特性而被称为高级听觉网络。

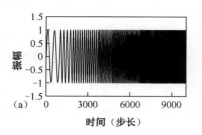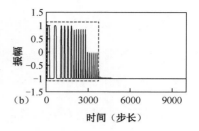

图 5.6

注：（a）为输入信号的频率从 100Hz 到 1 000Hz 的变化。（b）为网络输出信号，虚线框部分表示网络可以检测到听觉信号的频率范围（从 100Hz 到大约 400Hz）。这里忽略振幅小于阈值的信号（如 0.5）。

在图 5.6（b）中，网络可以检测到频率约为 400Hz（见虚线框部分）的信号，因为较高频率输出（>400Hz）的振幅小于阈值（如 0.5）。为了分析和观察网络行为，我们将来自数据读取器的输入信号发送到在 ISEE 上实现的网络，并监测所有神经元的信号（见图 5.7）。

如图 5.7 所示，隐藏单元的第一突触权值 W_1 和刺激性自连接权值 W_3 降低了输入信号的振幅。接着由于作为有效集成器执行的临界自连接权值 $W_3=1$，高频声音信号的振幅变得小于低频声音信号的振幅。随后，由于 W_2 的作用，输入信号振幅被再次降低。然后偏置 B 与输出单元的激励性自连接 W_4 一起使高频声音信号转换，保持非常小的振幅，并在-0.998 上下振荡。因此，该网络抑制高频声音信号，并且只允许具有足够高振幅的低频声音通过。

最后一步是将高级听觉网络实现到步行机器人的移动系统中。也就是说，通过立体听觉传感器或听觉—触觉传感器检测到的听觉信号[①]以高达 5.7kHz 的采样率通过 M 板进行数字化，并且信号处理网络将以约 2kHz 的更新频率在 PDA 上编程。为此，必须重新计算高级听觉网络的参数（权重和偏置）。采用进化算法 ENS[3]

---

① 在该设置中，立体听觉传感器用于检测提供给进化过程的听觉信号。

对网络参数进行优化。步行机器人是在 ISEE 上实现的，接收来自数据读取器的
用于进化过程的输入信号。第一种群由如图 5.8（a）所示的固定网络组成，进化
过程一直运行到得到合理的解为止，该解由适应度值决定。使目标信号与输出信
号之间的均方误差最小的适应度函数为：

$$F = \frac{10}{1+E} \tag{5.1}$$

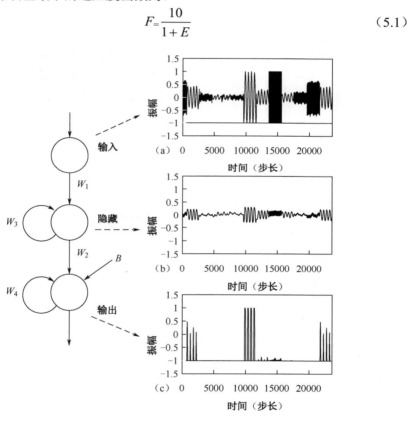

图 5.7

注：如图所示为所有振幅变化神经元介于低、高频声音之间的混合信号。（a）为输入神经
元的信号。（b）为隐藏神经元的信号。（c）为输出神经元的信号。

在理想情况下，F 的最大值应为 10，而均方误差 E 应等于 0。均方误差 E 的
计算公式为：

$$E = \frac{1}{N} \sum_{t=1}^{N} (\text{target}(t) - \text{output}(t))^2 \qquad （5.2）$$

式中，N 为最大时间步长。这里，将其设置为 $N=6\,000$。只有当出现 $100\sim400\text{Hz}$[①]

的低频信号时，目标信号才通过在-1 和+1 之间振荡来激活，而在所有其他情况下，

目标信号都为-1 左右。详情如图 5.8（b）和图 5.8（c）所示。

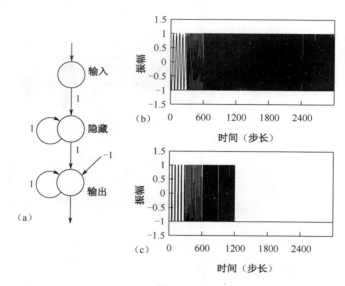

图 5.8

注:（a）为具有给定权重和偏差的初始网络结构。（b）为输入信号的频率从100Hz 到 1 000Hz 的变化。输入信号被物理立体听觉传感器记录下来，然后通过 M 板的模数转换器通道以最高 5.7kHz 的采样率进行数字化。（c）为对应的目标信号。

经过 55 代后，得到的网络适应度值 $F=8.76$，足以识别期望频率范围内的低频信号，如图 5.9 所示。

---

① 频率范围与蜘蛛感觉毛发能感知猎物信号的频率范围成正比。

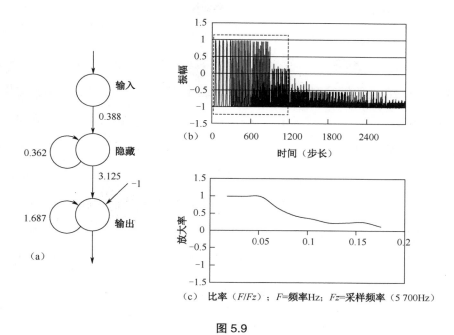

图 5.9

注：（a）为利用进化算法对应用于移动系统的高级听觉网络进行优化，使其能够过滤高于 400Hz 的听觉信号频率。（b）为网络输出信号，虚线框部分表示低频范围（大约从 100Hz 到 400Hz）的听觉信号。（c）为截止频率约为 400Hz 时该网络的特性曲线，其放大值小于阈值（如 0.6）。

这种改进的高级听觉网络与蜘蛛感觉毛发具有类似的特性，这意味着两者都在相同的频率范围内充当低通滤波器。此外，该预处理网络可以滤除行走、站立时机器人电动机或周围环境可能产生的高频（>400Hz）噪声（见第 6 章）。

声源方位探测网络

上一节说明了功能类似于低通滤波器的神经预处理网络。它被用来过滤来自电动机、运动和环境等的干扰信号，同时通过频率为 200Hz[①]的正弦声音信号以触

---

① 所选频率取决于产生两个信号时间延迟的两个麦克风之间的距离。

发向音性。

为了识别向音性的听觉信号方向，基于 TDOA 概念，再次应用上述 ENS[3] 进化算法来寻找合适的神经网络。这里，用于进化网络的输入信号由立体听觉传感器检测，且经由 M 板进行数字化，然后以大约 2kHz 的更新频率记录在 PDA 上。根据 AMOS-WD02 的尺寸和前左、后右两个听觉传感器之间距离，左右信号之间的最大时间延迟相当于频率的四分之一波长——200Hz。为了进化神经网络，采用与上述相同的策略。初始神经结构基于最小递归控制器（Minimal Recurrent Controller，MRC），其参数如图 5.10（a）所示。该神经结构由两个输入神经元和两个输出神经元组成。输入信号将先通过进化高级听觉网络进行滤波，因此，只有低频无噪声信号才能通过进化后的网络。

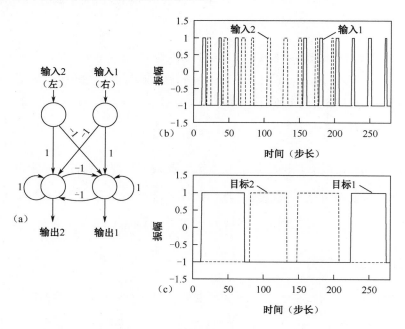

图 5.10

注：（a）为给定权重的初始网络结构。（b）为来自右侧（实线）和左侧（虚线）传感器的频率为 200Hz 的输入信号，包含其相互之间的延迟。在第一个周期，声源在步行机器人的右侧，

大约 75 个时间步长后，变换到左侧。只有左侧的传感器能检测到声音，表示声源离右侧传感器稍远。大约 150 个时间步长后，步行机器人更接近声源，结果显示右侧传感器也检测到了声音。大约 210 个时间步长后，声源再次转换到右侧，并且距左侧传感器稍远。（c）为目标 1（实线）和目标 2（虚线）分别对应于左、右侧信号的方向。

输入信号及其延迟如图 5.10（b）所示。适应度函数 F 由式 5.1 确定，均方差 E 按下式估计：

$$E = \frac{1}{N} \sum_{t=1}^{N} \left[\sum_{i=1}^{2} (\text{target}_i(t) - \text{output}_i(t))^2 \right] \tag{5.3}$$

式中，N 指最大时间步长，等于 7 000，$i=1$、$i=2$ 分别指右侧和左侧的信号。目标信号是对引导信号的识别或者是一个主动信号。例如[见图 5.10（c）]，如果输入信号 $1(I_1)$ 在时间上先于输入信号 $2(I_2)$，或者只有 I_1 有效，表示声源在右侧，则 Target1（实线）设置为+1，而在所有其他情况下，Target1 设置为-1。相应地，在声源在左侧的情况下，Target2（虚线）设置为+1。

经过 260 代后进化产生的网络，其适应度值为 F=6.96，足以解决这个问题。该声源方位检测网络及其输入和输出如图 5.11 所示。

该网络的主要特点是能够通过观察引导信号或主动信号来区分输入信号的方向，并且由于神经结构比较简单，很容易在移动处理器上实现。此外，其输出可以直接连接到神经控制模块，使其确定机器人的行走方向。例如，当声源在左侧时，机器人左转；反之亦然。

这个微型网络的输出神经元受到来自各输入神经元的直连接和交叉连接的刺激。在两个输出神经元上也存在刺激性自连接，形成滞回效应，允许在对应于输出神经元的平稳输出值的两个固定点吸引子之间切换，一低一高（见图 5.12）。自连接强度 W>+1 决定了输入空间中滞回间隔的宽度。

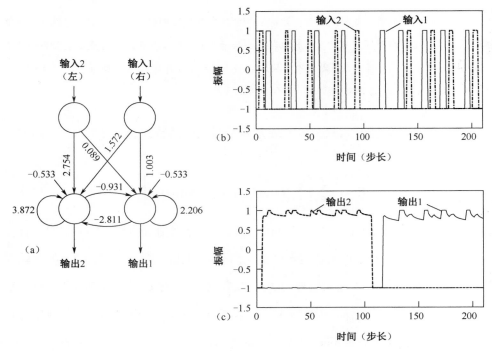

图 5.11

注：（a）为声源方位探测网络。（b）表示来自两个传感器的输入信号彼此之间存在延迟。在第一个周期，声源位于步行机器人左侧，大约 110 个时间步长后，声源转换到右侧。（c）表示在第一周期内，输出 2 的信号有效，输出 1 的信号无效，输出 2 的信号在大约 105 个时间步长后无效，输出 1 的信号在大约 110 个时间步长后有效。

然而，如果 W 强度过大（如输出神经元 1 的权重 $W_1 > 2.0$，输出神经元 2 的权重 $W_2 > 3.5$），则输入信号将不会在滞回区域中来回变动。当输入信号被激活时，输出信号将围绕高输出值振荡。该现象在图 5.12 中得到了证明，图中绘制了较小自连接权重（$W_1 = 2.0$，$W_2 = 3.5$）和较大自连接权重（$W_1 = 2.206$，$W_2 = 3.872$）的输出 2 与输入 2 的关系。

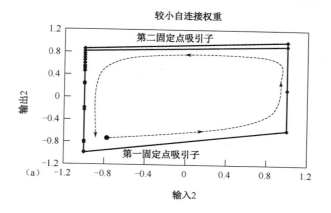

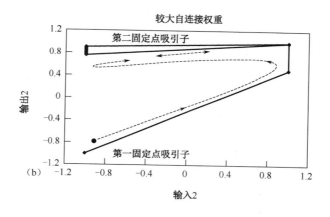

图 5.12

注：当 I_2 覆盖输入间隔（-1 和+1 之间）时，比较输出 1 和输出 2 处不同自连接权重的输出，I_1 延迟于 I_2。（a）为较小自连接权重（$W_1=2.0$，$W_2=3.5$）的变化输出 2。（b）为较大自连接权重（$W_1=2.206$，$W_2=3.872$）的变化输出 2。图中的黑点表示初始输出值，随指示路径变化（虚线）。与（a）不同，（b）中不存在滞回环路，而是在高输出值附近振荡。

　　如图 5.12（a）所示为输出 2（O_2）的输出在几乎饱和值（对应固定点吸引子）之间的切换，同时 I_2 在整个输入间隔内变化，而 I_1 存在延迟[见图 5.13（a）]。而图 5.12（b）中的 O_2 跳变，然后在高输出值附近以非常小的振幅保持振荡。

　　在图 5.13 中也可以看到这种效果。图中绘制了自耦合的不同强度（较小自连

接权重 W_1=2.0，W_2=3.5；较大自连接权重 W_1=2.206，W_2=3.872）对应的输出信号。声源位于左侧，导致 I_1 延迟于 I_2[见图 5.13（a）]。此外，输出神经元 1（O_1）的输出在 O_2 激活时被抑制[见图 5.13（b）和图 5.13（c）]。

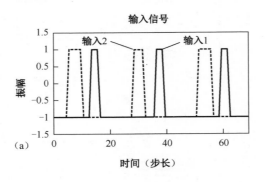

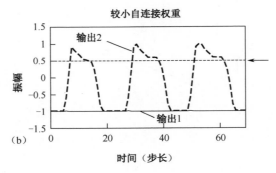

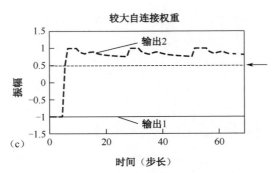

图 5.13

注：（a）为存在延迟的输入信号。（b）为当 O_1（实线）被抑制时，较小自连接权重（W_1=2.0，

W_2=3.5）的相应振荡 O_2（虚线）。（c）为较大自连接权重（W_1=2.206，W_2=3.872）的 O_2 跳变且超出阈值（此处为 0.5）。

对于较小的自连接权重，O_2 在低值（约−1）和高值（约+1）之间振荡，如图 5.13（b）所示。对于较大的自连接权重，O_2 最终以较小的振幅围绕阈值（如 0.5）以上的高值振荡，该阈值可以从实验中设置且取决于系统本身，如图 5.13（c）所示。进而可以看到输出神经元形成的偶数环，其通过抑制性突触递归连接。该配置保证一次只能有一个输出为正，即起到开关的作用，对于延迟输入信号，将输出发送为负值。在图 5.11（c）中可以观察到该现象的输出信号。利用较大的自连接权重和偶数双模现象，可以很容易地应用输出信号来控制机器人的行走方向，从而达到向音性目的。

听觉信号处理网络

将进化的高级听觉网络和声源方位检测网络相结合，就得到了最终的听觉信号处理网络（见图 5.14）。该网络具有对听觉信号进行滤波和识别输入信号方向的能力。首先，进化的高级听觉网络对感觉输入（见图 5.14 中的听觉输入 1 和听觉输入 2）进行滤波，使只有低频声音可以通过。其次，来自进化的高级听觉网络的输出被连接到声源方位检测网络的输入。最后，声源方位检测网络指示相应信号的方向。

随后，将声源方位检测网络的输出神经元连接到模块化神经控制器（见 5.2.3 节），使步行机器人转向合适的方向。最后，步行机器人通过检查听觉信号振幅的阈值而接近并停在声源附近（见第 6 章）。

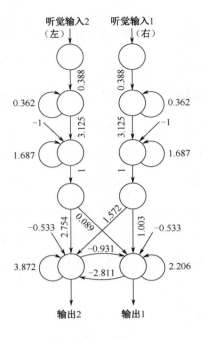

图 5.14

注：听觉信号处理网络发挥低通滤波器电路的作用，并具有检测相应信号方向性的能力。该网络将以大约 2kHz 的频率更新。

5.1.2 触觉信号预处理

在机器人应用中，用于感知环境的听觉—触觉传感器使移动机器人能够检测低频（100Hz）声音，并且避免碰撞。这些传感器信号由听觉信号和触觉信号组成。两个信号都通过声卡的线入端口在 1-GHz PC 上以 48kHz 的采样率进行数字化，预处理网络将以相同的频率进行更新。听觉信号通过扬声器产生，并应用高级听觉网络对其进行过滤和识别。触觉信号通过传感器在一个物体上来回扫描来模拟。所记录的信号及其快速傅立叶变换（Fast Fourier Transform，FFT）频谱[①]如图 5.15 所示。

---

① 本书利用 Rutgers 大学物理系的 FFTSCOPRE 1.2 软件对 FFT 频谱进行了分析。

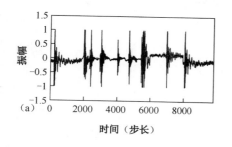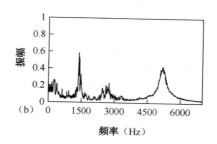

图 5.15

注：（a）振荡峰值是来自听觉—触觉传感器的触觉信号。（b）FFT 频谱显示信号的复合频率。通过观察复合频率，第一和第二谐振频率出现在 1 400Hz 和 5 200Hz 附近。

　　为了对触觉信号进行处理，在数据读取器上读取由模拟触觉信号和振幅为100Hz 的低频声组成的输入信号[见图 5.16（a）]，通过 ISEE 应用 ENS³ 算法使初始神经网络进化成合适的神经网络。一开始，只给出一个没有连接的输入和输出单元。ENS³ 算法在整个进化过程中增加或减少突触和隐藏单元的数量，同时优化参数，直到输出信号足够好，可以找到合理的解决方案为止。以这样的方式选择适应度函数 F，使目标和输出信号之间的平方误差最小，定义如下：

$$F = \frac{1}{N} \sum_{t=1}^{N} (1 - (\text{target}(t) - \text{output}_i(t))^2) \qquad (5.4)$$

式中，N 是最大时间步长，通常设置为 N=25 000。理想情况下，F 的最大值应为+1，目标和输出信号之间的平方误差应等于 0。如果存在触觉信号，则目标信号为+1，在所有其他情况下目标信号为-1。详情如图 5.16（b）所示。

　　经过 800 代之后，产生的网络即为触觉信号处理网络，适应度值 F=0.6，足以识别触觉信号。该网络由 2 个隐藏单元和 7 个突触组成，如图 5.17 所示。为了解网络行为，利用 ISEE 监测所有神经元的信号，如图 5.18 所示。

生物启发步行机器人 ◎

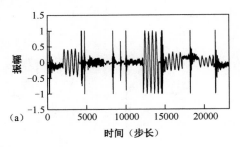 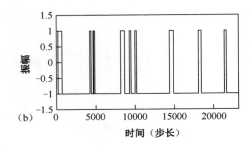

图 5.16

注：（a）为来自物理传感器的真实输入信号，它混合了触觉信号和 100Hz 的低频声音信号。（b）为相应的目标函数。

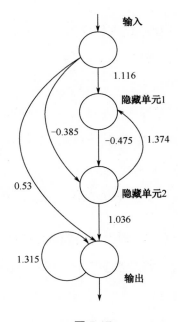

图 5.17

注：如图所示为过滤低频声音的触觉信号处理网络。其输出信号遵循触觉信号，触觉信号由多个频率组成并且具有高谐振频率。

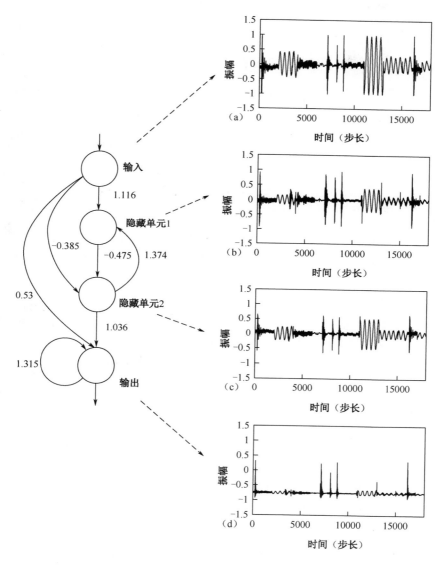

图 5.18

注：如图所示为各神经元发出的低频（100Hz）声音信号与触觉信号的混合信号。（a）为来自输入神经元的信号。（b）和（c）为来自隐藏神经元的信号。（d）为来自输出神经元的信号。

通过观察隐藏单元和输出单元处的信号，发现由于隐藏单元 2 的反馈作用，低频（100Hz）声音信号的振幅在隐藏单元 2 处减小，它变得小于触觉信号的振幅。随后，两个信号的振幅再次相加到隐藏单元 2 中。然后由于来自输入单元的刺激性突触和输出单元的刺激性自连接，低频声音信号移位到-0.78 附近并小振幅振荡。结果，触觉信号处理网络抑制低频声音的信号，并且仅触觉信号被激活。

高级听觉网络和触觉信号处理网络相结合形成听觉—触觉信号处理网络。该网络能够区分低频声音和来自物理听觉—触觉传感器的触觉信号，由一个输入单元、三个隐藏单元和两个输出单元组成，如图 5.19 所示。

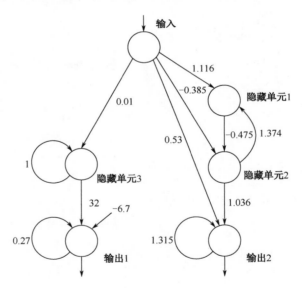

图 5.19

注：听觉—触觉信号处理网络可识别高达 400Hz 的低频声音信号（O_1）和触觉信号（O_2）。该网络被设计为在 48kHz 的更新频率下工作。

传感器信号同时输入到高级听觉网络和触觉信号处理网络的输入单元。如果网络识别到低频声音，则输出 1（O_1）的信号有效，并且在 0.998 和-0.997 之间振荡。此外，如果网络识别出触觉信号，则输出 2（O_2）的信号是有效的。否则，两个输出信号都无效。

5.1.3　天线状传感器数据预处理

要想通过 M 板的模数转换器通道以高达 5.7kHz 的采样率对基于红外的天线状传感器的感知信息进行数字化处理，以获得避障行为，需要对传感器数据进行预处理。这里，再次应用 MRC 的特性。MRC 已被开发并用于控制微型 Khepera 机器人，该机器人是一个两轮式平台。我们利用与 ISEE 相连的 YARS 建立并分析了所需的预处理网络。仿真在 1-GHz PC 上实现，更新频率为 75Hz。最终，有效的预处理网络将被移植到物理步行机器人的移动处理器上。

基于这些易于理解的功能，借助仿真工具可以手动重新调整参数，以便在该方法中使用这些参数。首先，将从输入到输出单元的权重 $W_{1,2}$ 设置为高值以放大感觉信号，即 $W_{1,2}$=7。结果表明，在一定条件下，感觉噪声被消除。实际上，这些高值权重驱动输出信号在两个饱和域之间切换：一个为低饱和域（≈-1）；另一个为高饱和域（≈+1）。然后手动调整输出神经元的自连接权重，在输入空间得到一个合理的滞回区间。滞回的宽度与自连接的强度成正比。这种效应决定了步行机器人躲避障碍物的转向角，即滞回越宽，转向角度越大。两个自连接均设置为5.4，以获得 AMOS-WD02 的合适转向角。最后，输出神经元之间的递归连接得以对称化，并手动调节到-3.55。这保证了步行机器人躲避障碍物和逃离急弯的最佳功能，由此产生的网络如图 5.20 所示。

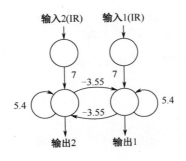

图 5.20

注：如图所示为具有适当权重的天线状传感器信号处理网络。该网络以 75Hz 的更新频率运行。在这里，它被应用于 AMOS-WD02 的控制。

通常，安装在步行机器人前部的两个红外天线传感器加上神经预处理，足以感知左前方和右前方的障碍物。然而，为了提高步行机器人的避障能力，如保护步行机器人的腿不撞到障碍物（如椅子或桌子腿），人们可以很容易地在步行机器人的腿上安装更多的传感器，并将其所有信号发送到网络的相应输入神经元。例如，通过在 AMOS-WD06 上安装六个传感器，将每侧的三个感觉信号简单地与隐藏神经元连接，隐藏神经元直接连接到两个具有高权重值的原始输出神经元。为了保证自己处于隐藏神经元的 sigmoid 传输函数的线性域中，每个感觉信号乘以一个小权重（这里设为 0.15），并且设置偏置项（B）以确定输入信号之和的阈值（如 0.2）。当测量值大于三个感觉信号中的任一阈值时，相应侧的隐藏神经元就会产生刺激。因此，每个隐藏神经元的激活输出可以在 -0.245（未检测到障碍物）和 0.572（同侧三个传感器同时检测到障碍物）之间变化。此外，设置隐藏单元到输出单元的权重为高值（如 25），以放大这些信号。同样，用上述类似的方式手动优化其他参数，包括输出神经元的自连接和递归连接权重，将它们分别设置为 4 和 -2.5。优化过程先在仿真中进行，最后在 AMOS-WD06 上进行测试。该神经预处理的改进结构及其优化的权重如图 5.21 所示。

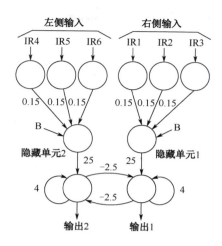

图 5.21

注：*如图所示为六个感觉输入的天线状传感器信号处理网络。该网络以 75Hz 的更新频率运行。这里，它被应用于 AMOS-WD06 的控制。*

在这两种情况（图 5.20 和图 5.21）下，所有感觉信号在传入网络之前，被线性映射到区间[-1，+1]，-1 表示无障碍物，+1 表示检测到附近障碍物。网络的输出神经元具有超临界自连接（>1.0），这对两个输出信号都产生滞回效应。相比弱兴奋，强兴奋自连接将保持更长时间的相对恒定的输出信号，这会使步行机器人产生较大的转向角以避开障碍物或拐角。为使这一现象可视化，以图 5.20 中的网络为例证，我们在图 5.22 中绘制了滞回效应。在图 5.22 中，还可以比较刺激性自连接在不同权重下的滞回效应。

此外，还涉及第三种滞回现象，它与两个输出神经元之间的抑制性连接偶数环有关。一般情况下，某一时刻只有一个神经元能够获得正输出，而另一个神经元具有负输出，反之亦然。这里仍利用图 5.20 中的网络来说明这一现象（见图 5.23）。

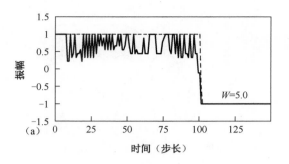

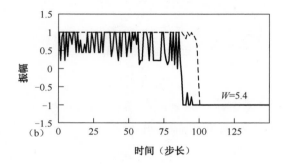

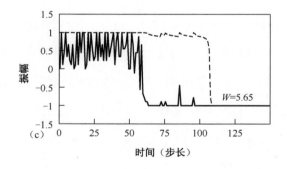

图 5.22

注：如图所示为输出神经元不同自连接权重的滞回效应比较。（a）表示当输入信号（实线）无效（≈-1）时，输出信号（虚线）从 ≈+1 下降到 ≈-1。这种效果对应步行机器人在躲避障碍物时具有非常小的转向角。（b）表示当输入信号（实线）无效时，输出信号（虚线）在 ≈+1 处保持较长时间，然后下降到 ≈-1。这种效果对应步行机器人在躲避障碍物时具有合适的转向角。（c）表示输出信号（虚线）最长停留在 ≈+1，然后下降到 ≈-1。这种效果对应步行机器人在躲避障碍物时具有较大的转向角。

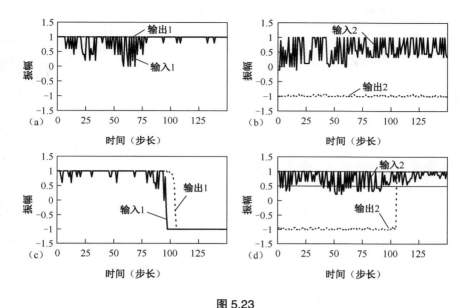

图 5.23

注：（a）—（d）为传感器的输入信号（实线）和输出神经元的输出信号（虚线）。由于抑制性突触和输出 1（a）的高活性，虽然输入 2（b）是活跃的，但输出 2 仍然是不活跃的。（c）和（d）表示当输入 1 的活动强度为低（表示未检测到障碍物），输入 2 的活动强度仍然为高（表示检测到障碍物）时，输出 1 和输出 2 之间的切换条件。这种现象描述了从拐角和死角逃脱的情况。

通过应用所描述的现象就可以消除感觉噪声，使步行机器人能够避开障碍物，甚至逃离拐角和死角，驱动步行机器人以由输出神经元刺激性自连接决定的角度远离物体。此外，由于抑制性突触的存在，当检测到障碍物时，它们将决定步行机器人的转动方向。

5.2　步行机器人的神经控制

为产生步行机器人的运动行为，并根据传感器信号改变适当的运动（如左转、右转或后退），第 3 章介绍了一种人工神经网络和递归神经网络的动态特性原理。这种方法的神经控制由两个从属网络组成。其中一个是神经振荡器网络，它产生有节律的腿部运动；另一个是速度调节网络（Velocity Regulating Network，VRN），它扩展了步行机器人的转向能力。

5.2.1 神经振荡器网络

步行机器人的神经振荡器已成为研究热点。其中，H. Kimura 等人构造的神经振荡器网络由四个神经元组成。该网络已被应用于控制四足步行机器人 TEKKEN，其中每个神经元驱动步行机器人的一个髋关节。J. Ayers 等人使用了一种由升降协同组成的神经元振荡器，它们可以相互抑制，并组成内源性起搏器网络，已被用于八足龙虾机器人步行模式的生成。本书采用双神经元网络，将它作为中枢模式发生器，该中枢模式发生器遵循步行动物运动控制原理，在不需要感觉反馈的情况下，为步行机器人生成基本的节律性动作。其网络结构如图 5.24 所示。

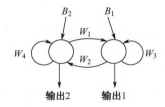

图 5.24

注：如图所示为双神经元网络的结构。

通过 ISEE 对网络参数进行实验调整，以获得产生步行机器人运动的最佳振荡输出信号。参数集的选取依据是双神经元系统在 Neimark-Sacker 分岔附近的动力学，在该分岔处会出现准周期吸引子。由不同权重和偏置产生的不同振荡输出信号如图 5.25 所示。

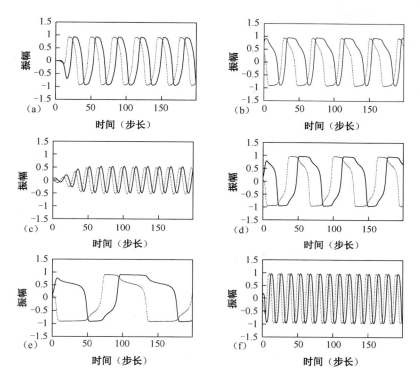

图 5.25

注：如图所示为具有不同权重和偏置的网络神经元 1（虚线）和网络神经元 2（实线）的振荡输出信号。（a）对于较小偏置（$B_1=B_2=0.0\ 001$），同时 $W_1=-0.4$，$W_2=0.4$，$W_3=W_4=1.5$。（b）对于较大偏置（$B_1=B_2=0.1$），所有权重如（a）中所示。（c）当 $W_1=-0.4$，$W_2=0.4$ 且 $B=0.01$ 时，自连接权重较小（$W_3=W_4=1$）。（d）对于较大的自连接权重（$W_3=W_4=1.7$），所有权重连同偏置如（c）中所示。（e）当 $W_3=W_4=1.5$ 且 $B=0.01$ 时，两个输出神经元之间连接权重的绝对值较小（$W_1=-0.25$，$W_2=0.25$）。（f）对于两个输出神经元（$W_1=-0.8$，$W_2=0.8$）之间的连接权重绝对值较大的情况，所有权重连同偏置如（e）中所示。

在图 5.25 中，这种网络能够根据权重和偏置产生各种振荡输出。例如，如果偏置较小[见图 5.25（a）]，初始输出信号将以非常小的振幅振荡，然后振幅将在过渡期间增加，如果偏置较大，输出信号的振幅从一开始就很高[见图 5.25（b）]。此外，不同的偏置也会影响输出信号的波形。不同的自连接权重导致振荡输出信号的振幅和波形不同[比较图 5.25 中的（c）和（d）]。为调节信号输出的振荡频率，还可以控制两个输出神经元之间的连接权重，对于小连接权重（绝对值），输出信号以低频振荡，对于大连接权重（绝对值），输出信号以不同的波形高频振荡[比较图 5.25 中的（e）和（f）]。然而，在神经控制领域，可以通过改变权重和偏置来改变振荡输出行为，如改变用于控制腿式机器人的行走模式和行走速度。

这里，网络控制器的实际参数为 $B_1=B_2=0.01$，$W_1=-0.4$，$W_2=0.4$，$W_3=W_4=1.5$，其中正弦输出对应准周期吸引子（见图 5.26）。它们被用来直接驱动运动神经元，以产生步行机器人的适当运动。

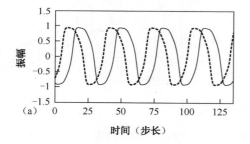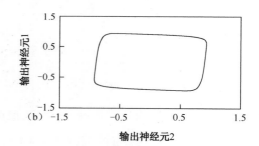

图 5.26

注：（a）为神经振荡器网络神经元 1（虚线）和神经元 2（实线）的输出信号。（b）为用于驱动步行机器人腿部具有准周期吸引子的振荡器网络的相空间。

神经元 1 的输出（输出 1）用于驱动所有胸椎关节和额外的脊骨关节，神经元 2 的输出（输出 2）用于驱动所有基关节和具有三自由度腿的所有末端关节。该振荡器网络在 PDA 上实现，更新频率为 25.6Hz。它产生频率约为 0.8Hz 的正弦输出（见图 5.27），由免费的 Scilab-3.0[①]软件包进行分析。

---

① 参见 http://scilabsoft.inria.fr/，2005 年 12 月 18 日引用。

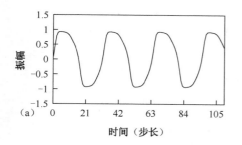

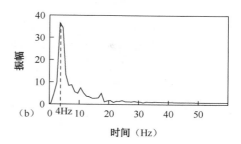

图 5.27

注：（a）记录了 5 秒的神经振荡器网络产生的正弦输出。（b）记录的正弦输出的 FFT 频谱表明，输出具有 4Hz 左右的本征频率。机器人的行走频率约为（4/5）0.8Hz。

利用振荡器输出到相应运动神经元的非对称连接，得到了四足步行机器人典型的小跑步态和六足步行机器人典型的三角步态，它们分别类似于猫和蟑螂的步态。在小跑步态（见图 5.28）和三角步态（见图 5.29）中，对角腿成对并一起移动。这些典型的步态可以有效地向前运动。

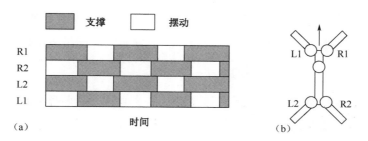

图 5.28

注：（a）为典型的小跑步态。x 轴代表时间，y 轴代表腿部。AMOS-WD02 在摆动相（白色块），足端不接触地面；AMOS-WD02 在支撑相（灰色块），足端接触地面。（b）为 AMOS-WD02 支腿的方向。

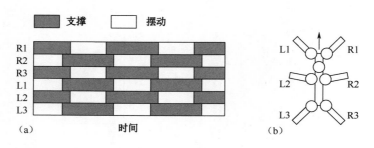

图 5.29

注：（a）为典型的三角步态。x轴代表时间，y轴代表腿部。AMOS-WD06 在摆动相（白色块），足端不接触地面；AMOS-WD06 在支撑相（灰色块），足端接触地面。（b）为 AMOS-WD06 支腿的方向。

5.2.2 调速网络

为了改变行走模式，如从向前行走改变为向后倒退，从左转改变为右转，有效的方法是对驱动胸椎关节的正弦信号进行 180°相移。为此，引入了调速网络。该网络近似于两个输入值 x，$y \in [-1，1]$上的乘法函数（见图 5.30）。人们可以使用反向传播算法优化这种近似性，但对控制机器人来说这已经足够了。由于一致性原因，这里不使用高阶突触的乘法。

网络中，输入 x 是来自神经振荡网络的振荡信号，用来产生运动；输入 y 是来自神经预处理网络的感觉信号，如听觉信号预处理、触觉信号预处理或天线状传感器数据预处理，用来驱动相应的行为。如图 5.31（a）所示为 VRN，由四个隐藏神经元和一个输出神经元组成。如图 5.31（b）所示，当感觉信号（输入 y）从-1 变为+1 时，输出信号获得 180°的相移，反之亦然。

由于 VRN 定性地表现为乘法函数，所以它能够增加和减少振荡信号的振幅。为探索这种网络的行为，将固定的振荡信号连接到网络的输入 x，将恒定值给输入 y，以便与振荡信号相乘。通过 ISEE 监测的不同 y 输入值的输出结果如图 5.32 所示。

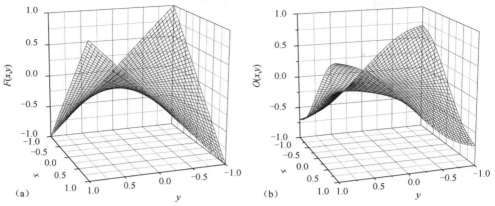

图 5.30

注：（a）乘法函数 $F(x, y) = xy$。（b）$F(x, y)$ 对 VRN 的逼近 $O(xy)$，平均均方误差（e^2）$\approx 0.0\,046\,748$。神经元的输出 O 由传输函数 tanh 给出，因此，合适的输入值 x, y 为 $[-1 \cdots 1]$。

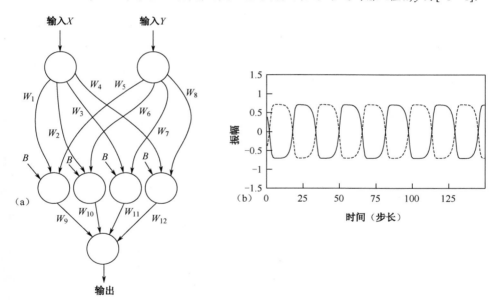

图 5.31

注：（a）为具有四个隐藏神经元的 VRN，其中网络的参数设置为 $W_1 = W_3 = W_5 = W_8 = 1.7\,246$，$W_2 = W_4 = W_6 = W_7 = -1.7\,246$，$W_9 = W_{10} = 0.5$，$W_{11} = W_{12} = -0.5$，且偏置 B 均为 $-2.48\,285$。（b）为输入 y 等于 $+1$ 时的输出信号（实线）和输入 y 等于 -1 时的输出信号（虚线）。

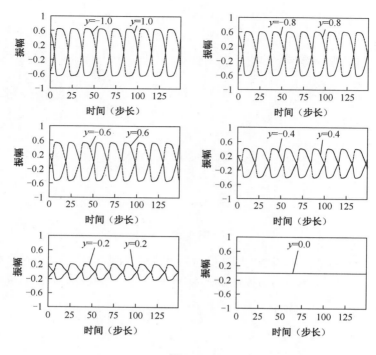

图 5.32

注：如图所示为当输入 y 等于正值时的输出信号（实线）和当输入 y 等于负值时的输出信号（虚线）。输入 y 的不同给定值导致输出信号的不同振幅。

从图 5.32 中可以看出，该网络不仅能够使振荡输出信号发生 180° 相移，而且利用输入 y 还可以调制振幅。特别是当给定的输入 y 等于 0 时，输出的振幅也为 0。网络的这一功能使步行机器人能够通过对振荡信号进行 180° 相移来执行不同的运动。它甚至可以通过将输入 y 设置为 0 来让步行机器人停止运动。此外，不同振幅的振动信号会影响步行机器人的行走速度，信号的振幅越高，步行机器人走得越快，反之亦然。

为了比较不同振幅的振荡信号对步行机器人行走速度的影响，我们在物理 AMOS-WD02 的移动处理器上采用了 VRN 和神经振荡器，网络的更新频率为 25.6Hz。为了观测步行机器人的行走速度，对于每个输入 y 需多次测量行走固定

距离（1米）所需的时间。不同输入 y 的平均步行速度如图 5.33 所示。图中显示了振荡信号的振幅影响步行机器人的行走速度，因为较高的振幅提供了胸椎关节向前和向后运动的较大角度。例如，当|输入 y|=0.2 时，产生输出非常小的振幅（见图 5.32），导致慢运动（0.027m/s）；当|输入 y|=1.0 时，导致大振幅和快速运动（0.127m/s）。因此，VRN 与神经振荡器可以通过 VRN 的输入 y 来简单地由传感器输入驱动步行机器人加速、减速或停止运动。

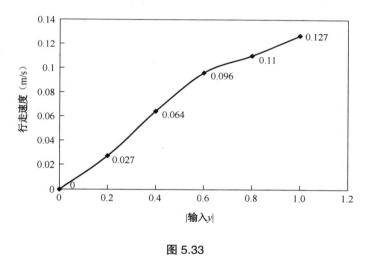

图 5.33

注：如图所示为 VRN 中不同输入 y 的平均步行速度。

5.2.3　模块化神经控制器

将神经前处理和神经控制（神经振荡器网络和速度调节网络）两个不同功能的神经模块集成在一起，可形成有效的模块化神经控制器来产生反应性行为。神经振荡器网络的一个振荡输出信号直接连接到所有腿部关节，另一个仅间接连接到脊骨关节，由输入 x 传送到 VRN 的所有隐藏神经元。神经预处理模块的输出信号作为 VRN 的输入信号 1（I_1）和输入信号 2（I_2）（见图 5.34 和 5.35）。

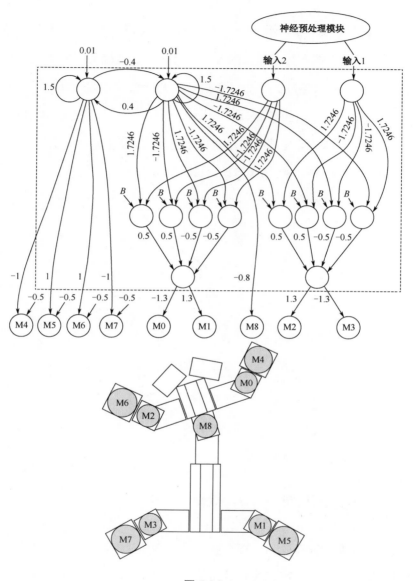

图 5.34

注：如图所示为 AMOS-WD02 的模块化神经控制器。它产生小跑步态，当 I_1 或 I_2 因感觉信号改变时，该步态会产生变化。VRN 的偏置 B 均为-2.48 285。来自神经预处理模块的输出被直接连接到神经控制模块（虚线框部分）的输入神经元（I_1，I_2）。

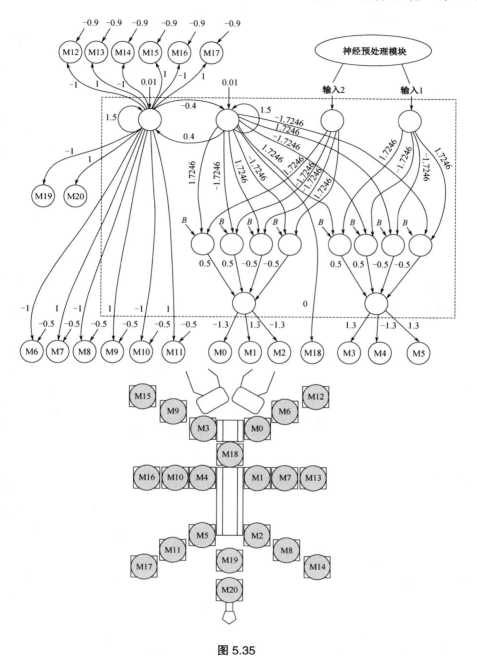

图 5.35

注：如图所示为 AMOS-WD06 的模块化神经控制器。VRN 的偏置 B 都为 $-2.48\,285$。

这样，可由神经振荡器网络产生节律性的腿部运动，并根据神经预处理模块的输出，通过 VRN 实现步行机器人的转向能力。该控制器的结构及 AMOS-WD02 上相应的运动神经元的位置见图 5.34。

相同的控制器还可用于控制更复杂的系统。例如，控制具有附加末端关节的 AMOS-WD06，不需要改变控制器的内部参数和结构（比较图 5.34 和图 5.35 中的虚线框部分），只增加了运动和感觉神经元。神经振荡器网络的一个输出驱动所有的基关节和末端关节；另一个通过 VRN 的所有隐藏神经元连接来驱动所有胸椎关节。AMOS-WD06 运动神经元的网络结构及相应位置见图 5.35。

5.3 行为控制

接下来我们将研究在移动系统[①]上使用的神经模块，其中使用了两个信号处理网络：一个是天线状传感器信号处理网络；另一个是听觉信号处理网络。利用模块化的思想，从神经预处理模块中选取每个信号处理网络，并将其连接到四足或六足步行机器人的神经控制模块中。通过这一概念，可以创建不同的行为控制器，如避障控制器和向音控制器。为了在步行机器人中实现更复杂的行为，还应用了传感器融合技术，由它来协作或处理感觉信号。

5.3.1 避障控制器

我们的避障控制器由两个模块构成：来自神经预处理模块的天线状传感器信

---

① 控制器在 PDA 上实现，更新频率为 25.6Hz，传感器信号通过 M 板以最高 5.7kHz 的采样率进行数字化。

号处理网络和来自神经控制模块的模块化神经控制器（见图 5.36）。

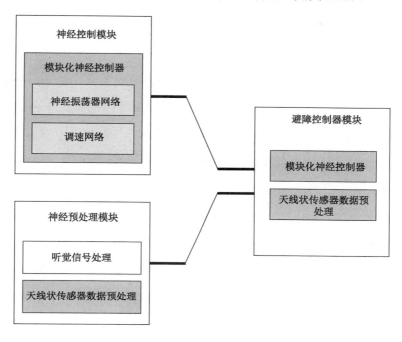

图 5.36

注：避障控制器的模块化结构由神经预处理模块和神经控制模块组成。选择来自神经预处理模块的天线状传感器数据预处理输出信号，将其连接到（四足或六足步行机器人的）模块化神经控制器。

控制器中的模块化神经控制器和预处理网络将使步行机器人能够行走，为了产生避障行为，通过感觉信号改变胸椎关节处的腿部节律性运动来控制步行机器人的行走方向。此外，预处理网络的递归结构能够产生滞回效应，因此该控制器具有防止步行机器人卡在角落或死角的能力。用于四足步行机器人的避障控制器的结构如图 5.37 所示。

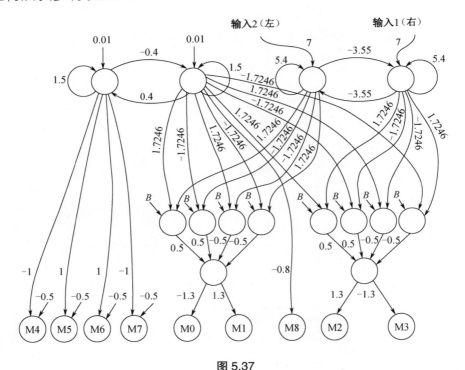

图 5.37

注：该控制器由天线状传感器数据预处理和四足步行机器人模块化神经控制器构成。天线状传感器的左信号和右信号直接连接到信号处理网络的输入神经元。

同样的概念也可以应用到六足步行机器人上，通过将天线状传感器数据的预处理输出信号连接到六足步行机器人的模块化神经控制器。用于六足步行机器人的避障控制器的结构如图 5.38 所示。

最终，预处理网络的输出信号与 VRN 一起决定并切换步行机器人的行为。例如，当右侧有障碍物时，将行为从向前走切换为向左转，反之亦然。输出信号也决定了步行机器人的运动方向。实际上，步行机器人应该转向哪个方向取决于那些早前已经被激活的天线状传感器信号。在特殊情况下，如沿墙行走，左前方和右前方的天线状传感器可能同时得到正输出，并且由于 VRN 的存在，步行机器人能够向后行走。当步行机器人向后行走时，其中一个感觉信号可能仍然活跃，而另一个可能不活跃。相应地，步行机器人会转向与激励信号相反的方向，最终离开墙面。

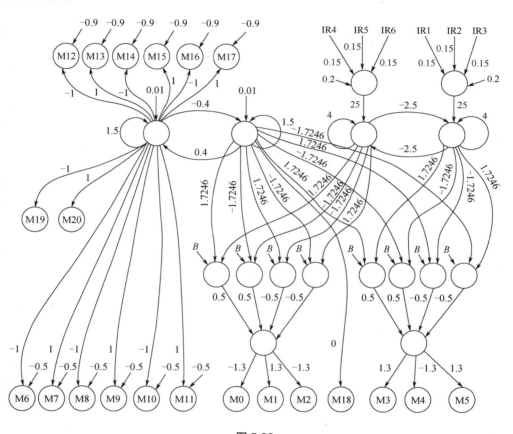

图 5.38

注：该控制器由天线状传感器数据预处理和六足步行机器人模块化神经控制器构成。

5.3.2 向音控制器

通过实现模块化概念来构建向音性控制器，该控制器受沙莱狼尾蜘蛛的猎物捕获行为的启发，将神经预处理模块的听觉信号预处理与模块化神经控制器组装在一起。向音性的模块化结构如图 5.39 所示。

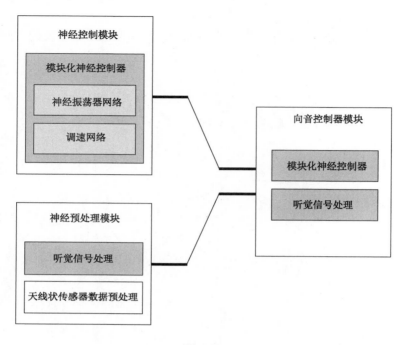

图 5.39

注：向音性模块化结构由神经预处理模块和神经控制模块组成。选择神经预处理模块的听觉信号预处理模块连接到（四足或六足步行机器人）的模块化神经控制器。

在向音控制器中，听觉信号预处理通过特定频率（200Hz）的声音来触发行为，并通过过滤所有高频（>400Hz）噪声来充当低通滤波器。此外，它能够识别信号的方向，而模块化神经控制器能够启动和控制步行机器人的运动。最终，实现所接通声源对应的不同步行模式。也就是说，步行机器人直线行走，转向一个接通的声源，然后靠近声源，最后通过检查听觉信号的振幅而停留在声源信号附近。如图 5.40 所示给出了四足步行机器人的控制器结构，该控制器可产生向音性行为。

由于模块化的概念，可对向音控制器进行修改，使其应用于六足步行机器人。这可以通过将听觉信号处理网络与六足步行机器人的模块化神经控制器连接来实现。

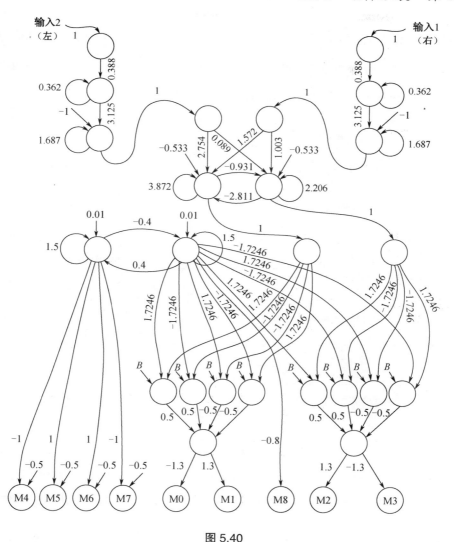

图 5.40

注：该控制器由听觉信号处理网络和四足步行机器人模块化神经控制器组成。听觉传感器的左信号和右信号直接连接到听觉信号处理网络的输入神经元。

5.3.3 行为融合控制器

上述控制器的组合形成了多功能的人工感知-动作系统。这意味着产生的控制器可以根据感觉输入产生不同的反应性行为。例如，天线状传感器的感觉信号应该产生负向性，听觉信号应该产生正向性，因此步行机器人能够跟随声源而避开障碍物。产生不同反应性行为的控制器模块化架构如图 5.41 所示。

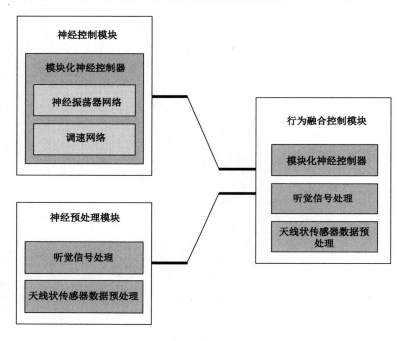

图 5.41

注：行为融合控制器由神经预处理模块和神经控制模块组成，完成感知–动作系统。听觉信号预处理和天线状传感器数据预处理连接到（四足或六足步行机器人的）模块化神经控制器。

在图 5.41 中，两个不同感觉输入的信号处理网络与模块化神经控制器构造了的行为融合控制器。这两种感觉信号在被传送到模块化神经控制器之前都必须进行处理。为此，引入了传感器信号的融合技术。这里将两种不同的传感器数据（来自立体听觉传感器的听觉信号和来自天线状传感器的红外信号）融合。两个传感器的预处理信号并行地进入融合过程。它处理所有的输入信号，并且只提供两个输出信号，这两个输出信号后续将连接到模块化神经控制器。因此，模块化神经控制器向步行机器人的运动神经元发送命令以激活所期望的行为。控制器结构如图 5.42 所示。

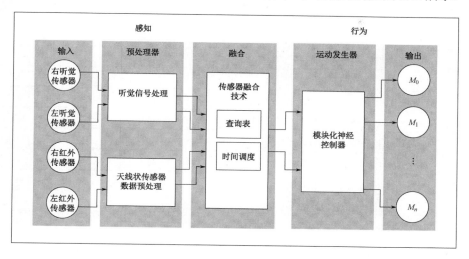

图 5.42

注：行为控制的控制器结构由预处理感觉信号、传感器融合过程和运动发生器组成。它在预处理通道对输入信号进行滤波，然后在融合通道对输入信号进行集成和处理。最后，通过运动发生器将输出命令发送给运动神经元 M_n；其中 $n=3$ 是四足步行机器人胸椎运动神经元的数量，$n=5$ 是六足步行机器人胸椎运动神经元的数量。

该融合过程包括两种方法：查询表和时间调度。查询表就像一个处理输入信号优先级的表格。为了处理感觉信号的优先级，需要红外信号比听觉信号具有更高的优先级。如果同时检测到障碍物和听觉信号，控制器将执行避障行为而不是向音性行为。当且仅当未检测到障碍物时才执行向音性行为。通过上述描述，步行机器人可以执行符合 4 个感觉输入的 16 个动作，其中 2 个感觉输入来自立体听觉传感器，另外 2 个感觉输入来自天线状传感器。

驱动动作如表 5.1 所示，其中 IRR 和 IRL 分别表示预处理后的右边和左边天线状传感器的红外信号；AR 和 AL 分别表示预处理后的右边和左边听觉传感器的听觉信号；+1 和 -1 分别表示有效和无效信号。

表 5.1　处理感觉输入的查找表

行为	行为	IRR	IRL	AR	AL
避障	左转	+1	-1	-1	+1
向音性	左转	-1	-1	-1	+1
避障	右转	-1	+1	-1	+1
向音性	左转	+1	+1	-1	+1
避障	左转	+1	-1	+1	+1
向音性	向前	-1	-1	+1	+1
避障	右转	-1	+1	+1	+1
避障	向后	+1	+1	+1	+1
避障	左转	+1	-1	-1	-1
向音性	右转	-1	-1	+1	-1
避障	右转	-1	+1	+1	-1
向音性	右转	+1	+1	+1	-1
避障	左转	+1	-1	-1	-1
默认行为	向前	-1	-1	-1	-1
避障	右转	-1	+1	-1	-1
避障	向后	+1	+1	-1	-1

　　因此，只有两种情况下步行机器人被驱动向前行走。一种情况是未检测到障碍物（IRR 和 IRL 均为-1），同时听觉信号同时被激活（AR 和 AL 均为+1），这种情况很少发生，因为听觉传感器安装在 AMOS-WD02 的对角线位置。另一种是正常状态（默认行为），在这种状态下，障碍物和听觉信号都没有被检测到。因此，机器人可能难以接近声源，尽管它最终能够到达声源并在其附近停止（见 6.2.2 节）。

　　为了克服上述问题，在融合过程中加入了时间调度技术。它在避障模式（Om）和复合模式（Cm）之间切换，复合模式由向音性和避障行为构成。避障模式是指尽管可以检测到听觉信号，但步行机器人仍不能对听觉信号做出反应。复合模式是指步行机器人能够对听觉信号做出反应，也能够避开障碍物，但所执行的动作是通过查表法进行检查的。

这两种行为模式以不同的时间尺度执行，并不断重复，直到处理器时间终止。例如，当复合模式暂停时，避障模式大约在 3.2 秒执行（总时长约 16.9 秒）。在此之后，避障模式暂停，复合模式变为可执行约 13.7 秒。该过程将反复运行，直到处理器时间终止（如≈15 分钟）。针对不同的系统，可以通过实验对不同时间尺度的行为模式进行标定和优化。通常情况下，复合模式的时间尺度应该大于避障模式。时间调度如图 5.43 所示。

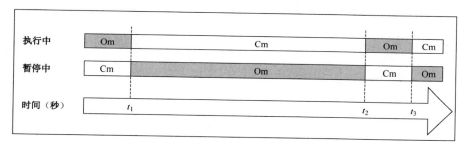

图 5.43

　　注：如图所示为传感器融合技术的时间调度。在启动时，执行避障模式（Om），而暂停复合模式（Cm），直到 $t_1 ≈ 3.2$ 秒。之后，在 Cm≈13.7 秒时变为可执行状态，同时 Om 变为暂停状态。在时间 t_2（≈16.9 秒），过程完成。然后，它通过执行 Om 并挂起 Cm 来重复自己。执行和挂起 Om 和 Cm 之间的切换直到处理器时间终止（如≈15 分钟）才结束。

　　根据所描述的策略，如果没有检测到障碍物和声音，则步行机器人向前运动。然后，如果复合模式执行期间在没有障碍物的情况下检测到声音，则其运动方向转向声源方向。之后，当避障模式变得活跃且没有检测到障碍物时，步行机器人将向前行走一段时间。最终，它将接近声源并在声源附近停止。

　　为了防止步行机器人在接近声源时与声源发生碰撞，必须密切观察和检查听觉信号的振幅。如果幅值高于阈值，则将连接到模块化神经控制器的输入信号（输入 1 和输入 2）设置为 0。因此，胸椎运动神经元的信号被抑制，导致步行机器人停止在由听觉信号振幅阈值确定的距离处。如图 5.44 所示给出了四足步行机器人不同反应性行为融合控制器的结构和具体参数。

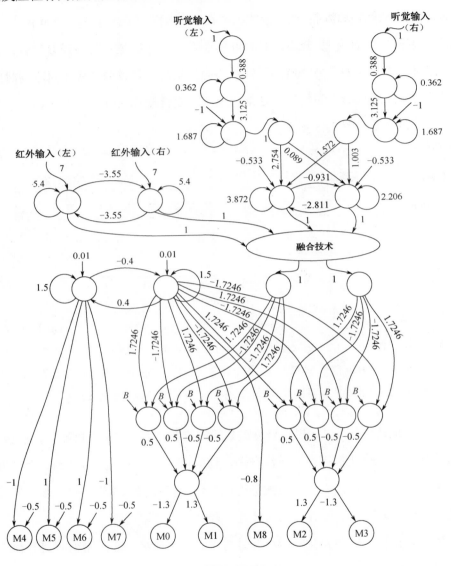

图 5.44

注: 如图所示为四足步行机器人不同反应性行为融合控制器。

为了再现六足步行机器人的向音性，可以用六足步行机器人的模块化神经控制器代替四足步行机器人的模块化神经控制器。然而，在模块化神经控制器发出最终的感觉信号驱动行为之前，应使用行为融合控制器和传感器融合技术使来自预处理通道的输出信号在融合通道中被优先排序和协调。一方面，将天线状传感器预处理后的输出信号作为驱动步行机器人远离障碍物刺激的负向响应；另一方面，听觉信号处理器的输出信号作为对刺激的正向响应，驱动步行机器人转向声源。

5.4 本章小结

本章介绍了实现步行机器人不同反应性行为的人工感知-动作系统。它们是由用于传感器数据处理的神经预处理器和用于步行机器人运动的神经控制组合而成的。利用递归神经网络的动态特性，实现了神经网络的预处理和控制。神经预处理参数的优化采用进化算法实现。本章提出了三种不同类型的神经预处理模块：听觉信号预处理、触觉信号预处理和天线状传感器数据预处理。利用立体听觉传感器，声音由充当低通滤波器的听觉信号处理网络处理，同时识别信号的方向。将听觉-触觉传感器应用于碰撞检测和低频声音检测，来自触觉通道的信号由触觉信号处理网络识别，低频声音由听觉信号处理网络的一部分高级听觉网络识别。天线状传感器数据预处理具有消除感觉噪声和利用滞回效应控制步行机器人行走方向的能力。

为了获得步行机器人的不同行为控制器，如避障控制器和向音控制器，可以将相应感觉信号的每个神经预处理模块连接到"模块化神经控制器"。该模块化神经控制器由神经振荡器网络和虚拟神经网络组成，前者产生腿部的节律性动作，作为中枢模式发生器，后者扩展了步行机器人的转向能力。最终，神经预处理和神经控制相结合，再加上传感器融合技术，形成了有效的行为融合控制，使步行机器人能够响应环境刺激，如四处走动、躲避障碍物和向声源移动。

第 **6** 章

人工感知—动作系统的性能

为了测试人工感知-动作系统的性能，我们进行了相关实验。首先，用仿真信号和真实传感器信号对信号处理网络进行测试。然后，将物理传感器、神经预处理和神经控制一起在物理步行机器人上实现，以展示不同的反应性行为。

6.1　神经预处理测试

本节介绍了神经网络预处理的实验，通过对模拟数据和物理传感器数据进行测试，证明了神经网络预处理技术的性能。在此基础上，将有效的神经预处理技术与物理传感器系统（人工感知部分）结合起来，应用于反应式步行机器人的行为控制。

6.1.1　人工听觉—触觉传感器数据

建立人工听觉-触觉传感器及其预处理网络的目的是为轮式机器人和步行机器人中的传感器驱动系统提供环境信息。传感器听觉信号预处理有助于识别低频（如 100Hz）声音，消除不需要的噪声。传感器的触觉信号预处理可检测真实的触觉信号。使用传感器与有效的信号处理耦合将使传感器系统能够区分和识别真实的听觉和触觉信号。

首先，在 1-GHz PC 上运行的 ISEE 上建立听觉-触觉传感器的信号处理网络，即简单听觉网络和高级听觉网络，更新频率为 48kHz。然后，用具有恒定振幅信号的模拟正弦输入[①]测试它们，该输入由两个不同的频率组成，一个低频（100Hz），另一个高频（1 000Hz）。如图 6.1 所示为网络的理想无噪声输入信号和输出信号。

---

① 我们使用 Rutgers 大学物理系的波发生器软件模拟了更新频率为 48 kHz 的信号。它们被缓冲到了数据读取器中。

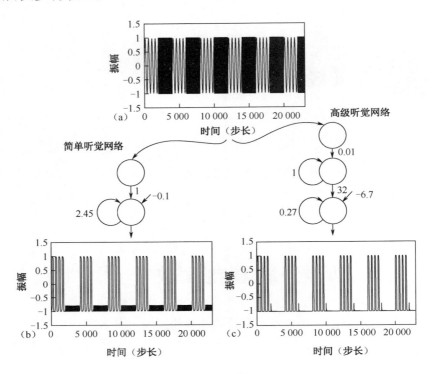

图 6.1

注：（a）为由两个不同频率（100Hz 和 1 000Hz）组成的模拟输入。（b）为简单听觉网络的相应输出。（c）为高级听觉网络的相应输出。所有图形在 x 轴和 y 轴具有相同的比例。

我们对噪声信号也进行了相同的处理，低频和高频声音由动力扬声器系统（30W）产生，并通过传感器从真实环境中记录（见图6.2）。传感器的输出信号通过声卡的线入端口以 48kHz 的采样率进行数字化处理。

所记录的不同振幅信号由低频和高频声音组成，分别为 100Hz 和 1 000Hz。这些信号通过低通滤波器网络进行滤波。也就是说，简单听觉网络几乎可以通过具有最高振幅的低频声音。尽管具有最高振幅输入的高频声音中存在一些剩余噪声，但由于所有噪声都是低振幅输出（如低于−0.50），因此可以忽略这些噪声。高级听觉网络也具备通过其他低振幅的低频声音信号的能力。这些过程如图6.3所示。

 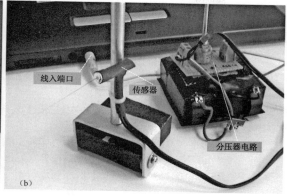

图 6.2

注：如图所示为通过听觉-触觉传感器记录真实听觉信号的实验装置。（a）为产生低频和高频声音的扬声器。（b）为由传感器、分压器电路和具有线入端口的 PC 组成的听觉-触觉传感器系统。

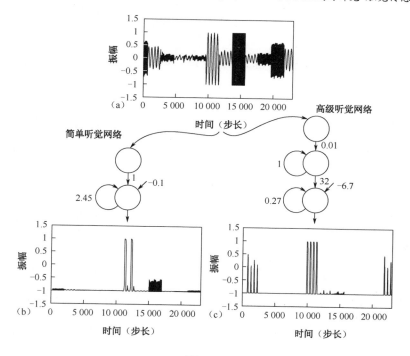

图 6.3

注：（a）为通过物理听觉-触觉传感器记录的具有不同振幅的实际输入信号（包括 100Hz

和 1 000Hz）。（b）为简单听觉网络的相应输出信号。（c）为高级听觉网络的相应输出信号。所有图形在 x 轴和 y 轴具有相同的比例。

最后，将该传感器应用于实际的步行机器人上，即在 AMOS-WD02 的一条腿上安装一个传感器（见图 6.4），并再次通过线入端口记录信号。

图 6.4

注：听觉–触觉传感器安装在 AMOS-WD02 的一条腿上。该传感器在距离腿部约 4 厘米处有一个延伸部分（真实老鼠的胡须）。

有三种不同的设置来记录测试网络的信号。第一种设置是步行机器人在初始站立位置开启；第二种设置是让机器人行走；第三种设置是在步行机器人行走时制造 100Hz 的声音（实验设置与图 6.7 所示的设置类似）。如图 6.5（a）所示为所有设置的信号，如图 6.5（b）和图 6.5（c）所示分别为经简单听觉网络和高级听觉网络滤波后的信号。

图 6.1 比较了简单听觉网络和主要高级听觉网络的性能，结果表明当信号无噪声、振幅恒定时，两种网络都能识别低频信号。对于如图 6.3 所示的噪声信号，高级听觉网络具有更强的健壮性，它可以检测到足够高振幅的低频声音，而简单的听觉网络只能检测到最高振幅[见图 6.3（b）、（c）]。此外，这两种网络都可以过滤来自正在运动的和站立不动的步行机器人的电动机的声音，但是，只有高级

听觉网络才能在步行机器人行走时识别低频声音，同时收听声音。

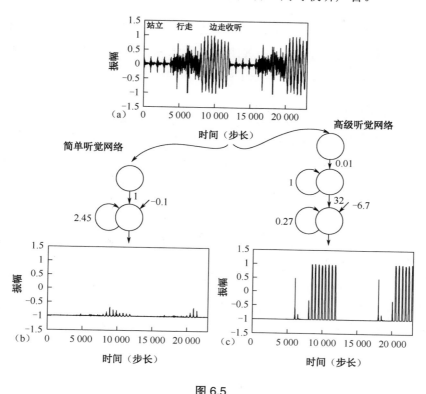

图 6.5

注：（a）为由三种不同情况（站立、行走和边走边听）组成的真实输入信号。（b）为简单听觉网络对应的输出信号。（c）为高级听觉网络对应的输出信号。所有图形在 x 轴和 y 轴具有相同的比例。

因此，高级听觉网络更适合被进一步的应用。例如，可以将高级听觉网络与触觉信号处理网络混合以获得听觉-触觉传感器的信号处理网络。此外，人们可以将在主要高级听觉网络基础上发展起来的进化高级听觉网络与声源方位检测网络相结合，然后在步行机器人的移动系统上实现组合网络——听觉信号处理网络，以实现向音性。

为了显示听觉-触觉信号处理网络在检测、识别声音和触觉信号方面的能力，我们以 48kHz 的更新频率在 ISEE 上实现该网络，并通过数据读取器接收输入数据。实验采用不同振幅的低频（100Hz）声音信号和来自物理传感器的触觉信号之间的混合信号。低频声音是由扬声器系统产生的，触觉信号是以一种简单的方式产生的。也就是说，传感器被手动地来回移动。输入数据通过线入端口记录，然后缓冲连接到 ISEE 的数据读取器中。听觉-触觉信号处理网络的输入和输出信号如图 6.6 所示。

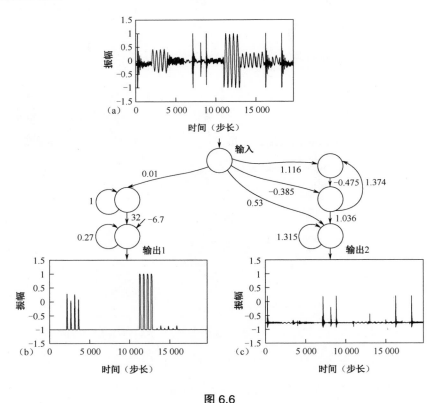

图 6.6

注：（a）为振幅变化的低频（100Hz）声音信号与触觉信号之间的混合信号，由听觉触觉传感器记录。（b）为网络对低频声音的响应。（c）为网络对触觉信号的响应。两个输出仅对声音和触觉信号有效。所有图形在 x 轴和 y 轴具有相同的比例。

因此，当不呈现低频声音时，输出 1（O_1）的信号被移位到-0.9 左右，并且当不呈现触觉信号时，输出 2（O_2）的信号被移位到-0.77 左右。在相反的情况下，两个输出信号都将被激活。网络的输出信号（O_1，O_2）证明了进化算法 ENS[3] 能够利用递归神经网络的离散时间动态特性构造用于信号处理方法的有效网络。

6.1.2　立体听觉传感器数据

本节对进化高级听觉网络的补充应用进行了三次尝试，将它应用于步行机器人中以产生良好的向音性。该网络是为了能够在一个移动系统上工作而开发的，该系统由带有 Intel（R）PXA255 处理器的 PDA 和 M 板组成。它们通过 57.6 kbit/s 的 RS232 接口通信。

所有的实验都是在 AMOS-WD02 移动系统上进行的。所有被测试的信号处理网络都在 PDA 上编程，其更新频率 2kHz。来自左前和右后听觉传感器的信号通过 M 的模数转换器通道以 5.7kHz 的采样率实现数字化。

第一次尝试是用三种不同条件的意外噪声来测试进化高级听觉网络：站立、只走不听声音和边走边听声音。在最后一种情况下，步行机器人最初被放置在扬声器前面 30 厘米处，并且经由扬声器产生具有正弦波形的 200Hz 低频声音（见图 6.7）。选择这个频率的声音进行测试是因为它后续将被用于触发向音性。

如图 6.8 和 6.9 所示为来自不同条件的网络输入和相应的输出。结果显示，网络能够消除大多数噪声，如站立期间步行机器人的电动机声音和行走期间产生的不可预测的噪声。这是因为这些声音中有低振幅信号，而且这些声音中的大多数在高频振动。然而，一些噪声仍然存在[见图 6.8（b）和图 6.9（b），右侧]。大多数低振幅（如低于 0）噪声可以被忽略，而部分高振幅（如高于 0）噪声可以被声源方位检测网络消除（稍后展示）。

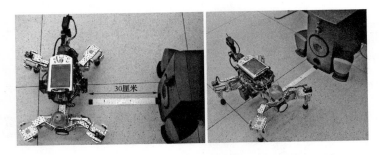

图 6.7

注：首先将 AMOS-WD02 放置在扬声器前 30 厘米处，以测试其在行走的同时收听声音时电动机噪声的影响。

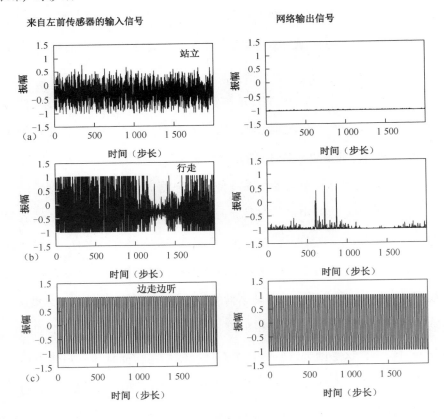

图 6.8

注：左列为输入信号来自左前传感器的三种不同情况；右列为相对于左列输入的进化高级

听觉网络输出信号。（a）为步行机器人处于站立位置时发出的噪声信号。（b）为步行机器人行
走时发出的噪声信号。（c）为步行机器人行走时声音与噪声之间补偿的噪声信号。所有图形在
x 轴和 y 轴具有相同的比例。

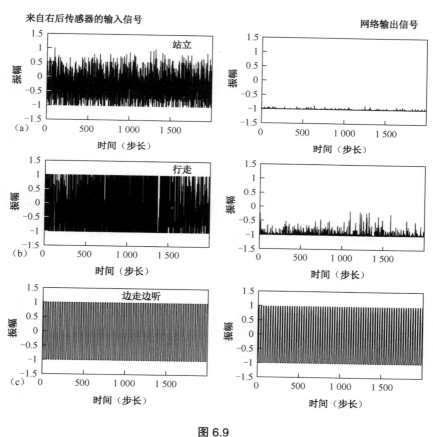

图 6.9

注：左列为输入信号来自右前传感器的三种不同情况；右列为相对于左列输入的进化高级
听觉网络的输出信号。（a）为步行机器人处于站立位置时发出的噪声信号。（b）为步行机器人
行走时发出的噪声信号。（c）为步行机器人行走时声音与噪声之间补偿的噪声信号。所有图形
在 x 轴和 y 轴具有相同的比例。

　　第二次尝试是观察当施加不同波形的信号时进化高级听觉网络的行为。我们
采用了三种波形：正弦波、方形波和三角波。所有波形均通过函数发生器以相同

的频率（200Hz）产生。来自函数发生器的信号直接连接到模拟端口，并通过 M 板的模数转换器通道进行数字化。然后将数字信号作为输入提供给网络。不同波形的输入、每种波形的 FFT 频谱及网络的相应输出信号如图 6.10 所示。

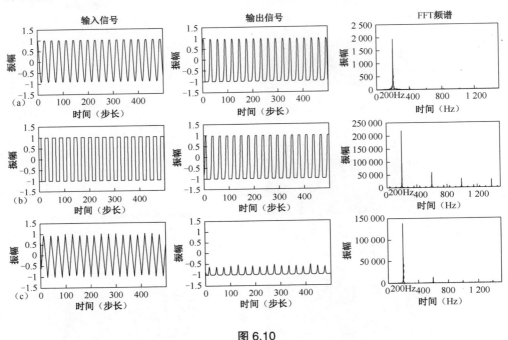

图 6.10

注：左列为函数发生器产生的不同波形的 200Hz 输入信号；中列为相对于左列输入信号的网络输出信号；右列为每个输入信号的 FFT 频谱。（a）为正弦波。（b）为方波。（c）为三角波。

通过对三种不同波形的测试，网络显然很难识别出包含低频（200Hz）信号的三角波。然而，即使方波由多个频率组成，网络也能明显地检测出正弦波和方波信号[见图 6.10（b），右侧]。因此，可以得出结论：在信号检测中，不仅输入信号的频率起着重要作用，而且输入信号的波形也起着重要作用。也就是说，网络能够识别低频正弦波和方波信号，但不能识别三角波信号。但是这些网络特性对我们的方法来说已经足够用了，我们的目的是检测正弦波信号来激活步行机器人的向音性。

最后一次尝试是展示声源方位检测网络在滤除噪声和识别信号方向的性能。网络输入的立体声音信号首先被进化高级听觉网络过滤。但在步行机器人的运动过程中，仍然存在噪声。该网络必须去除这些噪声，并根据左、右输入信号的时间延迟来辨别立体声音输入信号的方向。声源方位检测网络在滤除剩余噪声方面的能力如图 6.11 所示。

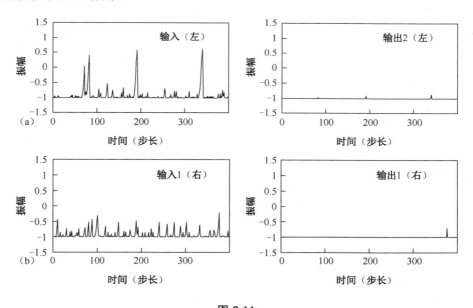

图 6.11

注：左列表示输入信号首先经过进化高级听觉网络滤波，然后进入声源方位检测网络；右列为声源方位检测网络的输出信号。（a）、（b）分别为左侧和右侧的声源方位检测网络的输入和输出信号。噪声部分几乎全部被声源方位检测网络去除。

声源方位检测网络的输出[见图 6.11（a）、（b）右侧]表明该网络能够过滤来自步行机器人行走时所产生的剩余噪声。最终可避免噪声对步行机器人行为控制器产生影响。

为了测试网络识别声源方向的能力，将步行机器人放置在扬声器前 30 厘米处，并产生具有基本正弦波形的 200Hz 低频声音。此外，在实验过程中，步行机器人被手动转向对面。网络的输入输出信号示例如图 6.12 所示。

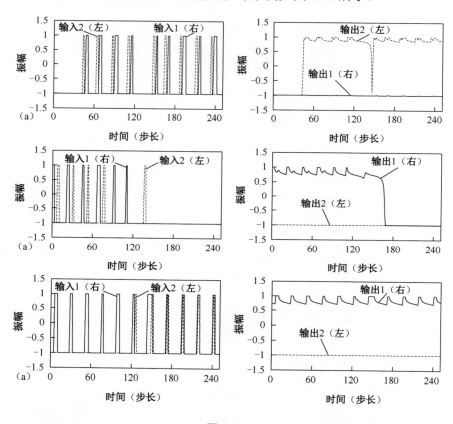

图 6.12

注：左列表示声源方位检测网络的输入信号首先通过进化高级听觉网络进行滤波；右列为声源方位检测网络的输出信号。（a）表示输入 2（I_2，虚线）的信号引导输入 1（I_1，实线）的信号，结果输出 2（O_2，虚线）的信号有效，而输出 1（O_1，实线）的信号无效。激活的 O_2 表明声源在左侧。（b）表示 I_2 在 I_1 之后延迟，导致 O_2 失活而 O_1 被激活。激活的 O_1 表明声源在右侧。（c）在这种情况下，网络检测到声源在右侧，因为虽然在大约 150 个时间步长之后也检测到与 I_1 同相的 I_2，但是在第一周期仅检测到 I_1。

如图所示，声源方位检测网络可以通过观察引导信号或仅观察有源信号来区分声源的方向。在图中，当输入 2（I_2）的信号领先于输入 1（I_1）的信号，或者只有 I_2 被激活时，表明声源在左边；相反的情况则表明声源在右边。

6.1.3　天线状传感器数据

本节给出了对天线状传感器数据预处理的试验。基于红外的天线状传感器及其预处理实验应在步行机器人上实现，以完成避障任务。

以下实验是在步行机器人的移动处理器（PDA 和 M 板）上进行的。感觉输入信号通过 M 板的模数转换器通道以最高 5.7kHz 的采样率进行数字化。预处理网络应用在 PDA 上，更新频率为 75Hz，M 板与 PDA 之间的通信采用 RS232 接口，通信速率为 57.6kbit/s。

实验装置由两个安装在 AMOS-WD02 前部的红外天线传感器、移动处理器和箱体组成。将物体放置在步行机器人前，距离左、右探测器 25 厘米。为了观察两个输入都被高度激活时的网络行为，将物体放置在较近的距离（10 厘米）处。试验装置如图 6.13 所示。

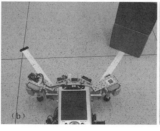

图 6.13

注：（a）为物体在距步行机器人左前方 25 厘米处。（b）为物体在距步行机器人右前方 25 厘米处。（c）为物体在距步行机器人左右两侧较近的 10 厘米处。

我们引入了两个用于信号处理的网络：一个标准版本与两个感觉输入一起工作（与图 5.20 相比）；一个改进版本与两个以上感觉输入一起工作（与图 5.21 相比）。然而，由于这两种网络的行为方式相同，在本次实验中只显示了标准版本的性能。通过三种情况向网络提供感觉信息（与图 6.13 相比），不同情况的感觉输入如图 6.14 左列所示，预处理网络的结果信号如图 6.14 右列所示。

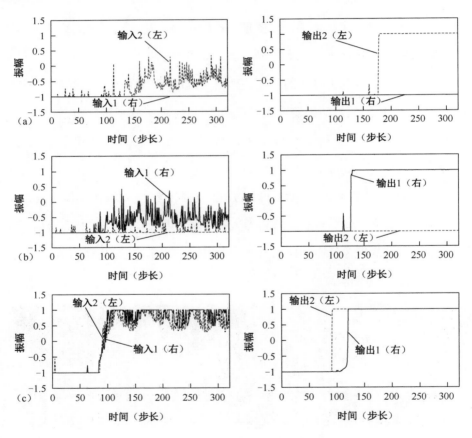

图 6.14

　　注：（a）大约在 170 个时间步长之后，目标会完全呈现在左侧。一段时间之后，左输入信号（I_2，虚线）活跃，导致输出 2（O_2，虚线）的信号活跃（$\approx+1$），输出 1（O_1，实线）的信号保持不活跃状态（≈-1）。（b）大约在 120 个时间步长之后，目标会完全呈现在右侧。之后，

右输入信号（I_1，实线）活跃，导致 O_1 活跃($\approx$+1)，而 O_2 保持不活跃状态（$\approx$-1）。（c）为目标呈现在两侧的情况。虽然目标同时呈现在两个传感器上，但 I_2 逐渐被激活到高水平，随后 I_1 按照与 I_2 类似的模式直接被激活到高水平。因此，O_2 在大约 90 个时间步长后首先被激活，而 O_1 在大约 120 个时间步长后被激活。

　　预处理网络起开关作用（见图 6.14），当检测到障碍物时，它会开启，输出神经元活跃（$\approx$+1）；否则，它会关闭，输出神经元不活跃（$\approx$-1）。网络的这种行为主要是由输出神经元处的刺激性自连接权重和从输入到输出单元的强突触引起的。消除了传感器数据的噪声后，得到的平滑输出与速度调节网络 VRN 一起控制步行机器人避开障碍物。

　　在某些情况下，如在拐角处和死角处，两个输入信号可能都有效。如果两者都没有得到很高的激活值，就像图 6.14（c）中演示的情况一样，那么网络一次只提供一个有源输出（$\approx$+1）。我们对这种情况进行了模拟，如图 6.15 所示。

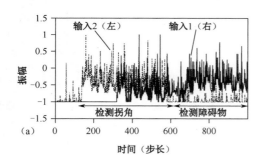

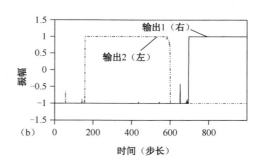

图 6.15

　　注：（a）左（I_2，虚线）和右（I_1，实线）传感器的输入信号。（b）输出 1（O_1，实线）和输出 2（O_2，虚线）的信号分别对应右输入和左输入。首先，左侧传感器在大约 160 个时间步长后检测到拐角的一侧，右侧传感器也在大约 300 个时间步长后检测到了拐角的另一侧。相应地，O_2 被激活（$\approx$+1）而 O_1 被抑制（$\approx$-1）。大约 600 个时间步长后，假设步行机器人已经右转，然后从拐角离开，而左侧传感器没有检测到拐角。此外，假设右侧出现障碍物，右侧传感器仍处于活跃状态。这就导致 O_2 变得不活跃而 O_1 活跃。

结果显示，网络能够控制与有效输入信号对应的输出信号。通常，一次只有一个输出信号被激活，这由前一个被激活的输入信号决定。这种现象主要受网络输出神经元之间的偶数环影响。利用这种效应来控制步行机器人，它们就能够离开拐角或死角，而不会被卡住。

6.2 步行机器人实验

本节将介绍由神经预处理和神经控制衍生出来的行为控制器的性能。针对移动系统，我们开发了能产生不同反应性行为的控制器。首先测试了避障控制器的性能，然后测试了向音控制器的性能，最后对行为融合控制器进行了测试。采用行为融合控制器和传感器融合技术相结合的方法对其进行控制。

以下所有的实验都是在安装了物理传感器系统（立体听觉传感器和两个天线状传感器）的 AMOS-WD02 上进行的，所有的控制器都应用于 PDA。此外，安装了六个天线状传感器的 AMOS-WD06 也被用来测试避障控制器。

6.2.1 避障行为

本小节描述了为评估避障控制器处理障碍物行为数据的能力而进行的实验。避障控制器只专注于躲避障碍物，在传感器输入级禁用了四足步行机器人的立体听觉传感器系统。也就是说，在这些实验中，步行机器人不能对任何听觉信号做出反应。

第 5 章介绍了（四足和六足步行机器人）避障控制器的性能。首先在模拟复杂环境中进行测试。然后，它被下载到移动处理器（PDA）上，用于物理自动步行机器人[①]的测试。模拟步行机器人和物理步行机器人的行为类似。天线状传感器数据预处理的功能和特性如前文所述。在这里，网络输出的信号直接连接到神经控制，根据感知-动作系统的预期来改变机器人的行为。如果右侧或左侧出现障碍物，控制器会改变步行机器人腿部在胸椎关节处的节律性动作，使步行机器人其原地转动，并立即避开障碍物。在某些情况下，如接近拐角或死角，预处理网络会根据预先激活的输入信号确定转向方向（左或右）。四足步行机器人控制器避障功能如图 6.16 所示。

在下图 6.16 中，如果左传感器（IR2）检测到障碍物，则胸椎关节的电动机 0（M0）和电动机 1（M1）转向相反方向（比较图 6.16 中的左列）。相应地，当右传感器（IR1）激活时，胸椎关节电动机 2（M2）和电动机 3（M3）转向相反方向（比较图 6.16 中的中列）。

在特殊情况下，如朝墙走或检测到两侧有障碍物，两个天线状传感器可能同时被激活。因此，胸椎关节的 M0、M1、M2 和 M3 转向其他方向，步行机器人向后退（比较图 6.16 中的右列）。向后退时，其中一个传感器可能仍处于激活状态，步行机器人根据激活的感觉信号转向相应的一侧，直到能够离开墙壁。如图 6.17 所示的一系列图片显示了步行机器人如何避开障碍物和摆脱死角。

图 6.17 中的左列图片显示步行机器人可以避开未知障碍物，中间列和右列图片显示其可以摆脱拐角类障碍物和死角。在四足步行机器人前额安装两个带有神经控制器的天线状传感器，可以使步行机器人拥有避开未知障碍物、逃离拐角或死角的能力。

---

① 在实验中，AMOS-WD02 正常行走的周期为 1.25 秒，行走速度≈0.45 体长/秒（12.7 厘米/秒）（未激活主干关节），而 AMOS-WD06 正常行走的周期为 1.52 秒，行走速度≈0.175 体长/秒（7 厘米/秒）。在这些最佳步行速度下，使用电池组的步行机器人在实验期间可以自主运行长达 35 分钟。

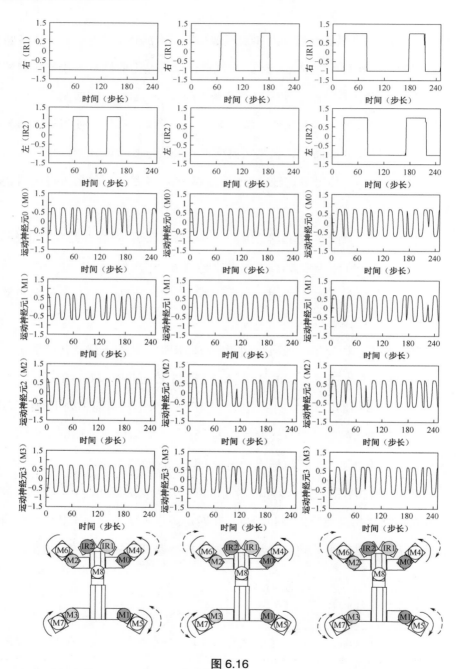

图 6.16

注：左列如果障碍物出现在步行机器人的左侧，则其右侧运动神经元（M0、M1）的输出

信号改变方向，如左列底部的虚线箭头所示。中列：如果在步行机器人的右侧检测到障碍物，则其左侧的电动机（M2、M3）将反转，如中列底部的虚线箭头所示。右列：在这种情况下，步行机器人两侧同时检测到障碍物，所有电动机（M0，M1、M2和M3）将如右列底部的虚线箭头所示反转，步行机器人向后行走。

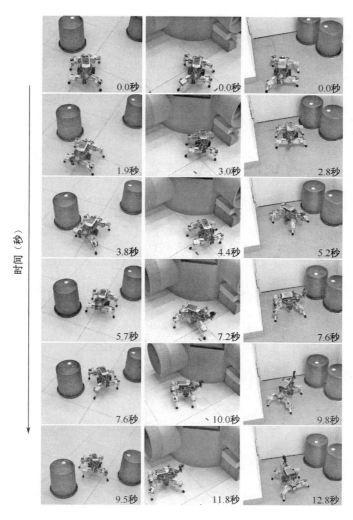

图 6.17

注：如图所示为 AMOS-WD02 天线状传感器驱动行为示例。左列：典型避障行为。中列：

步行机器人能够避开拐角。比较 3.0 秒和 4.4 秒时的两张图片，可以观察到步行机器人稍微后退，因为两侧感觉信号几乎同时被激活（大约在 3.0 秒时）。步行机器人向后行走时（大约 4.4 秒），右侧传感器仍处于激活状态，而左侧传感器已处于非激活状态。因此，步行机器人向左转，离开了障碍物。右列：步行机器人能从死角处逃脱而不被卡住。

然而，遇到诸如椅子或书桌腿等障碍物时，情况会有些复杂。为了防止步行机器人的腿与这些障碍物相撞，需要在步行机器人的每条腿上安装更多的传感器，如第 4 章所述，还需要对 5.1.3 节所述的传感器数据进行预处理。如图 6.18 和 6.19 所示举例说明了六种感觉输入的预处理和六足步行机器人的神经控制性能。

胸椎关节（M3、M4 和 M5）运动神经元的信号向相反方向改变，如图 6.18 所示。图中显示，各右侧传感器在不同的时间步长检测到障碍物。同样，当各左侧传感器在不同的时间步长检测到障碍物时，控制器会将运动神经元（M0、M1 和 M2）的信号改变到相反的方向（见图 6.19）。如图 6.20 所示为 AMOS-WD06 的反应性行为，该步行机器人由神经控制器感觉输入驱动，图中左列和中列的一系列图片显示，步行机器人可以保护自己的腿不与桌子腿和椅子腿相撞。此外，步行机器人还能够避开未知障碍物，这些障碍物先由前额处的传感器感知，然后由左腿的传感器检测到（见图 6.20 中的右列）。

从以上图中可知，（四足和六足步行机器人的）避障控制器能够完成避障任务。此外，避障控制器还可以避免机器人卡在角落或死角。因此，基于该功能，反应式步行机器人可以自动进行四处探索。

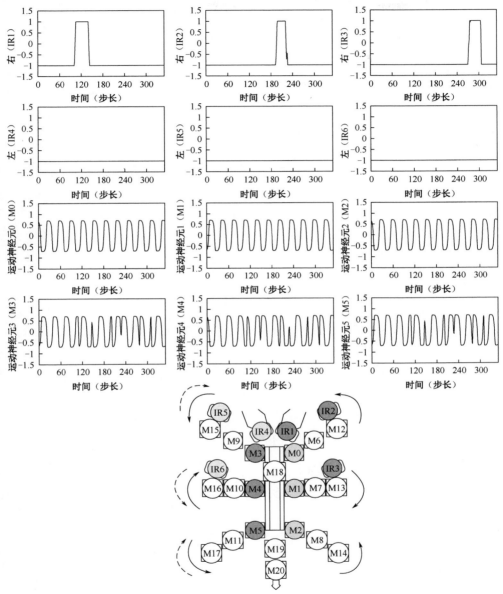

图 6.18

注：如图所示为右侧传感器（IR1、IR2 和 IR3）在不同的时间步长检测到障碍物，左侧运动神经元（M3、M4 和 M5）转向相反方向，如底部图片中的虚线箭头所示。因此，步行机器人左转。

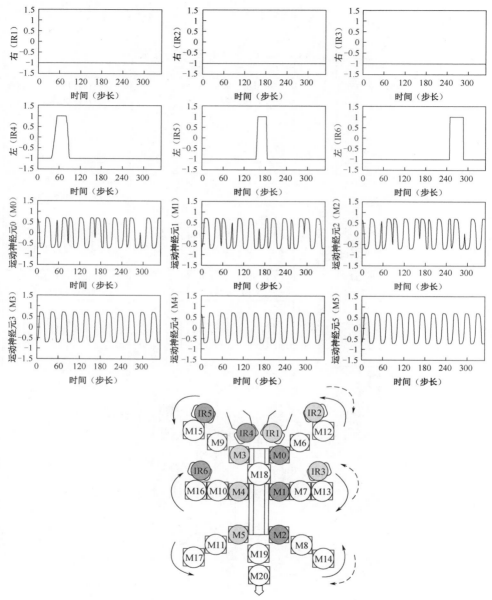

图 6.19

注：如图所示，在不同的时间步长下，在每个左侧传感器（IR4、IR5 和 IR6）上都出现了一个障碍物，导致右侧运动神经元（M0、M1 和 M2）进入相反方向，如底部图片中的虚线箭

◎人工感知—动作系统的性能 第6章

头所示。因此，步行机器人右转。

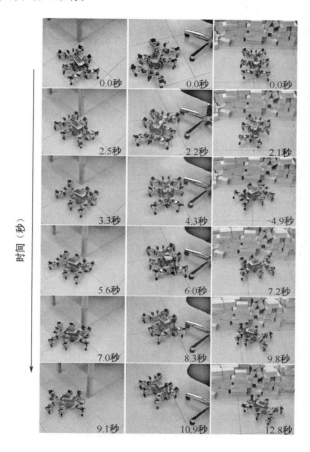

图 6.20

注： 如图所示为六足步行机器人 AMOS-WD06 天线状传感器驱动行为示例。左列：安装在步行机器人右腿上的传感器能检测到办公桌腿，以防步行机器人的腿与其相撞。中列：步行机器人能避开椅子腿。右列：步行机器人通过转向来避开其前额（IR1 和 IR4）和左腿（IR5 和 IR6）上传感器检测到的未知障碍物。

6.2.2 向音性

本小节描述了为测试样机的向音性能而进行的实验。到目前为止，针对听觉信号，步行机器人只能做出一种反应。为此，启用立体听觉传感器系统，同时在传感器输入级禁用所有天线状传感器，也就是说，四足步行机器人在这些实验中无法避开障碍物。

前文对立体声音听觉信号的神经预处理进行了实验研究。实验结果表明，这样的预处理能够滤除意想不到的噪声。此外，步行机器人还能在低频状态下识别并辨认声源的方向。这里，这种被称为"听觉信号处理网络"的预处理单元与神经控制单元结合组成了向音控制器。因此，该控制器可以在 AMOS-WD02 中实现期望的向音性功能。

控制器依然在 PDA 上实施，并在 AMOS-WD02 上进行测试。由扬声器驱动系统（30W）产生的听觉信号，其波形为正弦波形，频率为 200Hz。立体听觉传感器能检测出该信号，M 板的模数转换器以 5.7kHz 的采样率对其进行数字化处理。

第一个实验测量出系统能够检测到信号的最大距离。在测试过程中产生了信号，在如图 6.21 所示的每个不同位置重复进行了六次实验。

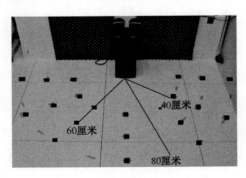

图 6.21

注：如图所示为带有声源和步行机器人放置位置标记（黑色方块区域）的实验装置。

信号的检测率，即正确检测的次数[①]除以试验次数，如表 6.1 所示。从表中可以得出结论：该系统能够可靠地对半径高达 60 厘米左右的信号做出反应。

表 6.1　不同距离 200Hz 听觉信号的检出率

距离（厘米）	检出率（%）
40	100
60	67
80	0

第二个实验是为了证明控制器能够识别声源的位置（在步行机器人的左侧或右侧），也为了呈现胸椎关节处（M0、M1、M2 和 M3）的运动神经元修正信号的能力。监测来自右侧和左侧听觉传感器（分别为输入 1 和输入 2）的感觉输入和运动神经元信号，如图 6.22 和图 6.23 所示。如果声源在步行机器人的左侧，则胸椎关节处的 M2 和 M3 转向相反的方向。当声源位于步行机器人右侧时，胸椎关节处的 M0 和 M1 转向相反的方向。基于这些特性，控制器具有使步行机器人转向声源的能力。

在步行机器人转向并接近声源时，它会停止（模拟它正在捕捉猎物）。该动作可以通过将左侧信号或右侧信号的振幅与阈值进行比较来执行。即，当且仅当一个信号的振幅大于某个阈值时，运动神经元（M0、M1、M2、M3）的信号会自动设置为 0，其结果是步行机器人不能左转，不能右转，甚至不能向前移动。监测到的左、右信号的振幅及运动神经元的信号如图 6.24 所示。

最后一个实验是展示步行机器人在真实环境中的向音性。步行机器人从不同的初始位置启动，行走时，扬声器会产生 200Hz 正弦波形的听觉信号。如图 6.25 和图 6.26 所示为这些实验的一系列图片。

[①] 正确的检测是指步行机器人可以正确地识别信号来自左侧还是右侧。

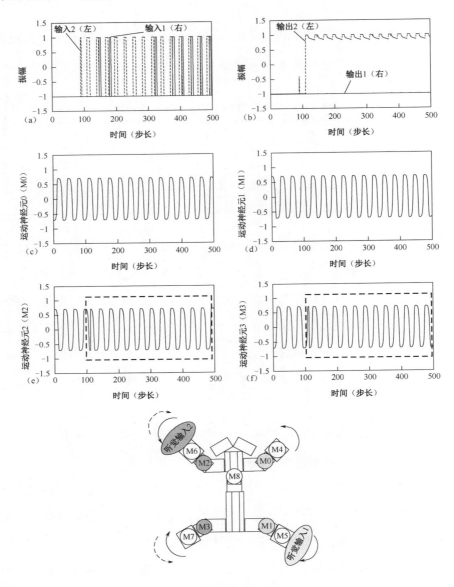

图 6.22

注：（a）表示左侧传感器（虚线）和右侧传感器（实线）的听觉输入信号之间存在延迟。在这种情况下，输入 2 先于输入 1，表明声源在步行机器人的左侧。（b）为经听觉信号处理网络预处理后的输出信号。在网络的作用下，输出 2 被激活，而输出 1 被抑制。（c）和（d）表示

受输出 1 控制的右侧运动神经元的信号不受影响。（e）和（f）表示左侧运动神经元的信号被修改（见虚线框部分），因为它们被激活后的输出 2 控制。修改后的电动机也由底部图片中的虚线箭头表示。因此，步行机器人左转。

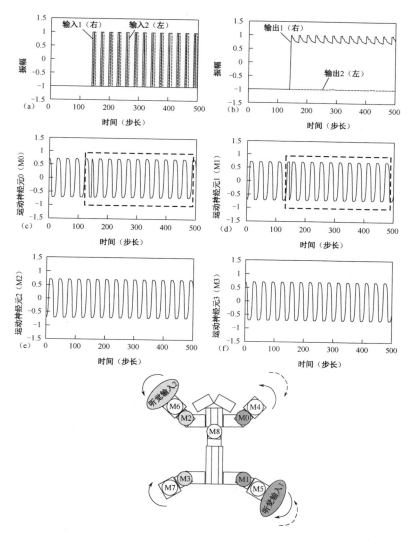

图 6.23

注：（a）表示右侧传感器（实线）和左侧传感器（虚线）的听觉输入信号之间存在延迟。在这种情况下，输入 1 先于输入 2，表明声源在右侧。（b）为经听觉信号处理网络预处理后的输出

信号。在网络的作用下，输出 1 被激活，而输出 2 被抑制。（c）和（d）表示由于输出信号 1 被激活，右胸椎关节的两个运动神经元被反转（见虚线框部分）。（e）和（f）表示左运动神经元的信号未受影响。底部图片中的虚线箭头也显示了右侧电动机的反转。因此，步行机器人右转。

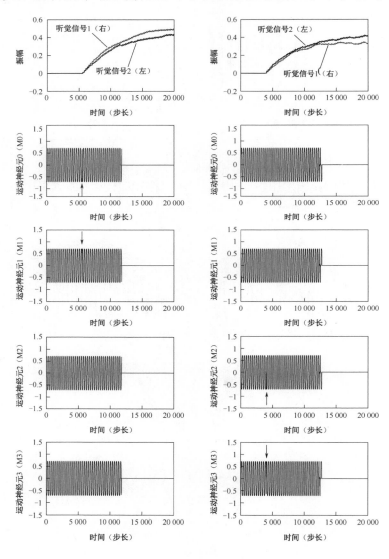

图 6.24

注：左列表示声源在步行机器人的右侧。起初，步行机器人距声源还很远，并在逐步靠近

它。经过大约 510 个时间步长之后，听觉信号被识别，两个运动神经元（M0、M1）的信号被修改（如箭头所示）。然后机器人向右转，接近声源。在大约 1 200 个时间步长之后，右信号的振幅大于阈值（这里为 0.37），导致运动神经元（M0、M1、M2 和 M3）的信号被自动设置为 0。右列表示声源在步行机器人的左侧。经过大约 400 个时间步长之后，听觉信号被识别，两个运动神经元（M2、M3）的信号被修改（如箭头所示）。最后，由于左侧信号的振幅大于 0.37，运动神经元（M0，M1，M2 和 M3）的信号在大约 1 300 个时间步长之后被设置为 0。

图 6.25

注： 如图所示声源最初在步行机器人的左侧，声音伴随着步行过程。步行机器人一开始往

前走，然后在 3.9 秒左右检测到了声音，开始左转。随后，步行机器人在 12.5 秒左右右转，因为声源出现在它的右边。最后，由于左侧传感器信号的振幅高于阈值，步行机器人接近并停在了声源的前面。

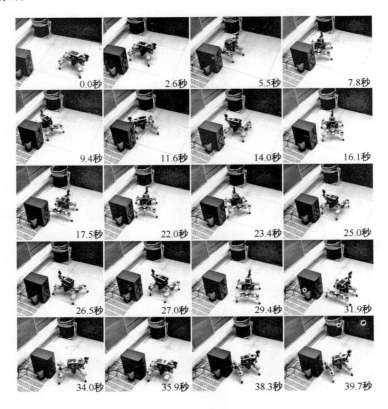

图 6.26

注：如图所示在此向音性的例子中，声源最初在步行机器人的前面，声音伴随着步行过程。在这种情况下，步行机器人也表现得像图 6.25 中的例子一样，向前走，并在探测到声音时转向声源方向。之后，步行机器人靠近并停在声源旁边。

通过观察，可以看出步行机器人的行为几乎相同。如果它听到声音，就会转向声源；否则，它就会一直向前走，直到达到阈值。这可以与听觉信号的振幅进行比较。最后，步行机器人停在靠近声源的地方。

另外，实验结果表明，当检测到声音时，步行机器人也有类似振荡的运动，即，它在左转和右转之间来回切换，直到接近声源。而且，它并不总是利用头部指向声源的方式到达声源，而是有时会利用身体的侧面。然而，这些类似振荡的运动和接近的位置都无关紧要，只要步行机器人到达声源就行了。综上所述，该步行机器人能够成功地在长达 60 厘米左右的距离处以 200Hz 的频率展现其向音性。

6.2.3　行为融合

本小节将展示四足步行机器人探障/避障与辨音/向音两种行为之间的融合。在这种情况下，所有传感器都被激活以感知周围的环境。例如，机器人可以通过两个天线状传感器检测障碍物，以及通过立体听觉传感器收听声音。行为融合方法结合了行为融合控制器与传感器融合技术。控制器的一部分在 PDA 上实现，另一部分则在伺服控制板上编程。之后，传感器输入信号通过 M 板的模数转换器通道以最高 5.7kHz 的采样率进行数字化。

控制器将在两种模式之间切换：一种为避障模式（Om），它使机器人能够单独避开障碍物；另一种为复合模式（Cm），它能够避开障碍物并检测声音。实验中优化了各模式的执行时间。在避障模式中，将执行时间设置为 3.2 秒左右；在复合模式中，将执行时间设置为 13.7 秒左右。也就是说，避障模式首先执行约 3.2 秒，然后复合模式将执行约 13.7 秒。该过程将重复进行，直到处理器时间终止，如约 15 分钟。很明显，这些期望的执行时间和处理器时间可以根据每个感知-动作系统来调整。

如图 6.27 和图 6.28 所示的一系列图片展示了 AMOS-WD02 的各种反应性行为，它可以避开障碍物，四处走动，还可以在检测到打开的声源时对其做出反应。

在每张图片的左下角可以看出声源是打开（On）的还是关闭（Off）的。此外，在每张图片的左上角可以观察到执行的模式（Om 或 Cm），右下角显示了动作时间。

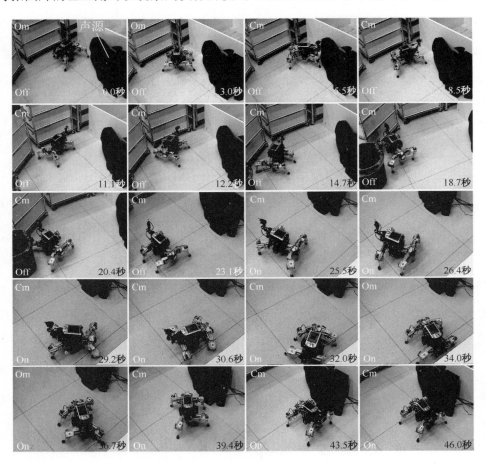

图 6.27

注：一开始，关闭电源。步行机器人四处走动，如果检测到障碍物，它会避开障碍物。然后在 25.5 秒左右接通电源，以控制步行机器人。结果，步行机器人开始左转，34 秒左右开始执行避障模式。步行机器人在避障模式下没有检测到障碍物，继续靠近信号源。复合模式在 39.4 秒左右被再次激活，当传感器信号的振幅值大于阈值时，步行机器人轻微左转，并最终在信号源附近停止。

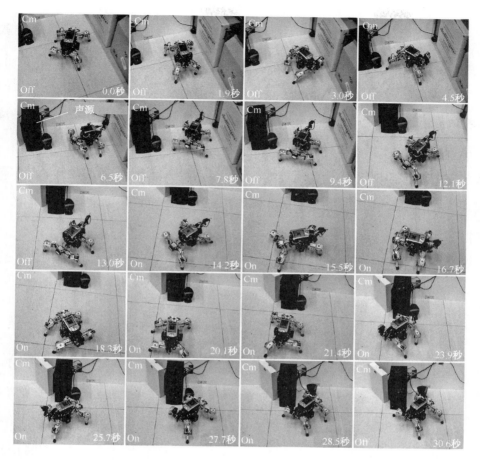

图 6.28

注： 如图所示，一开始关闭信号源步行机器人四处走动，如果检测到障碍物，它会避开障碍物。接通信号源后，控制步行机器人在 14.2 秒左右开始右转，然后执行避障模式，在 20.1 秒左右前进，因为此时复合模式打开。前进到 23.9 秒左右，步行机器人右转，不是因为它探测到了声音，而是因为它探测到了障碍物（扬声器）。最终步行机器人靠近并在信号源附近停止。

行为融合控制器与传感器融合技术一起可以产生由感觉输入信号驱动的不同步行模式，这样一来，如果检测不到障碍物和声音，步行机器人就可以沿直线行走。当且仅当执行避障模式且未检测到障碍物时，步行机器人才会转向一个打开的声源并继续向前行走，而不进行类似振荡的运动。最终，步行机器人将确定其中一个听觉信号的振幅，接近并停止在声源附近。

然而，在 23.9 秒左右（见图 6.28）出现了下面这种情况。由于左侧传感器的听觉信号活跃，步行机器人右转，而正常情况下它应该左转。之所以出现这种情况，是因为步行机器人在检测到声音的同时也检测到了障碍物（一个扬声器），导致左侧天线状传感器的红外信号被激活。随后，复合模式下的传感器融合技术对两个活跃信号（左听觉信号和左红外信号）进行复合处理，因此出现了图 6.28 中的情况。

6.3 本章小结

本章的研究结果表明，对物理听觉-触觉传感器数据进行神经预处理，能够识别来自传感器触觉通道和听觉通道的两种不同频率的信号。我们用真实信号对立体听觉传感器的神经预处理进行了测试。它消除了步行机器人电动机声音产生的突发噪声，让低频声通过，并辨别声源的方向（在步行机器人的左侧或右侧）。此外，本章还介绍了天线状传感器数据的神经预处理性能。它相当于一个开关，可以消除传感器数据的噪声，即，当检测到障碍物时，它被打开（输出神经元被激活），否则被关闭（输出神经元被抑制）。

最后，本章强调了不同的神经预处理单元和神经控制单元之间的协作，从而使行为控制器产生不同的步行机器人反应性行为。首先，在物理步行机器人（AMOS-WD02 和 AMOS-WD06）上安装并测试避障控制器。它能够避开未知障碍，并走出拐角或死角。其中一款（AMOS-WD06）在两个前腿和两个中腿上安装了多个传感器，可以确保腿部不与障碍物（如桌腿或椅子腿）碰撞。其次，在

AMOS-WD02 上利用向音控制器再现了向音性。它使步行机器人能够辨别来自左侧或右侧的听觉信号。步行机器人转向声源的方向，并向其靠近，最终在信号源附近停止，与信号源的距离由信号振幅的阈值决定。在最后的演示中，通过应用包括传感器融合技术在内的行为融合控制器，将两种反应性行为融合并在 AMOS-WD02 上执行，使其在听觉和红外刺激信号的驱动下产生期望的行为。最终，步行机器人可以四处走动、避开障碍物，以及向听觉信号（向音性）前进并在信号源附近停止。

第 **7** 章

结 论

7.1 本书的主要贡献

本书介绍了受生物学启发的（四足和六足）步行机器人，它们与真实环境刺激相互作用，即媒介和环境的相互作用。本书研究了动物的不同反应性行为，为步行机器人的行为设计提供了依据。一方面，类似于蝎子和蟑螂的避障和逃生行为，在步行机器人中表现为负向性。另一方面，模拟蜘蛛捕食行为的向音性在步行机器人中表现为正向性。我们在四足步行机器人上进行了模拟。

本书还研究了用于触发上述反应性行为的生物传感系统，构建了听觉-触觉传感器、立体听觉传感器和天线式传感器三种类型的传感系统。听觉-触觉传感器是仿照蝎子和蜘蛛毛发功能设计的，既可以用于触觉感知，也可以用于声音检测。使用类似蜘蛛毛发的立体听觉传感器，可确定来自左、右听觉传感器的 TDOA，检测声音并区分声音的传入方向。根据昆虫触角的基本功能建立了天线状传感器，用于探测障碍物并保护六足步行机器人的腿免受障碍物碰撞。

此外，在四足和六足步行机器人的腿和躯干设计中，我们分别考虑了蝾螈和蟑螂高效运动的形态，并将其应用到机械结构中。步行机器人腿的节律性动作基本由中枢模式发生器产生，对应步行动物的基本运动控制。

本书不仅讲述了物理步行机器人如何产生反应性行为（这些行为受到了生物学的启发），而且提出了期望行为的控制方法——行为控制器，它在模块化神经结构的基础上，由用于传感器数据处理的神经预处理单元和用于步行机器人运动控制的神经控制单元组合而成。这意味着每个神经预处理单元都可以与神经控制单元相连，从而获得不同的行为控制。利用进化算法 ENS^3 生成循环神经网络的离散时间动态特性，实现了神经预处理和神经控制。本书提出了三种类型的神经预处理：听觉信号预处理、触觉信号预处理和天线状传感器数据预处理。听觉信号预处理用于识别 200Hz 的低频声音并产生向音性，同时滤除高频（>400Hz）的背景噪声。换句话说，它充当一个简单的低通滤波器，其截止频率约为 400Hz。它还具有辨别来自左侧或右侧的听觉信号的能力。将听觉-触觉传感器应用于碰撞检测和低频声检测，来自触觉通道的信号由触觉信号处理网络识别，低频声音由听觉信号处理网络中的高级听觉网络识别。天线状传感器数据预处理可以消除感知噪声并控制避障行为。

神经控制由两个从属神经网络构成：一个是神经振荡器网络，它产生有节奏的腿部运动；另一个是速度调节网络，它扩展了步行机器人的转向能力。这种神经控制是为生成四足步行机器人的典型小跑步态而构建的。对其进行改进（除了更多的输出神经元，其他结构相同）后，可以典型的三角步态使六足步行机器人移动。

最后，将不同类型的神经预处理与神经控制相结合，可形成多种行为控制器。例如，将天线状传感器数据预处理与神经控制相结合，可形成避障控制器；将听觉信号预处理与神经控制相结合，可形成向音控制器。此外，本书还采用了传感器融合技术。将天线状传感器数据预处理后的感觉信号和听觉信号与神经控制相结合，可形成一个行为融合控制器。

本书在步行机器人上成功实施并测试了三个行为控制器及相关的传感系统。首先，在物理步行机器人上实现了避障控制器。步行机器人能够避开未知障碍，并走出拐角或死角。其中一款（六足步行机器人）在两个前腿和两个中腿上安装了更多的传感器，可以确保腿不与障碍物（如桌腿或椅子腿）碰撞。其次，在四足步行机器人上利用向音控制器再现了向音性。这使步行机器人能够辨别来自左侧或右侧的听觉信号（200Hz 的正弦声音），最长距离约为 60 厘米左右。步行机器人像捕食者一样对信号源做出反应，转向并靠近信号源，最终在信号源附近停止，信号源的距离由信号振幅的阈值决定（模拟它正在捕获猎物）。在最后的演示中，两种反应性行为被组合到一个控制器上，然后在四足步行机器人上实现。它产生期望行为，即正向性和负向性。因此，步行机器人会对听觉信号做出反应，如四处走动、避开障碍物，甚至走出拐角或死角。

实验所得的物理体现系统的反应性行为表明，行为控制器是很稳定的，足以处理真实的突发噪声，并且步行机器人采用模块化的神经结构，可以灵活地适应具有不同复杂度的各种目标系统。另外，他们证明了循环神经网络的离散时间动态特性（如滞回效应）和进化算法可以被应用于机器人领域的神经预处理和神经控制。本书所述的系统也可以被定义为通用的人工感知-动作系统。也就是说，步行机器人能够在不了解环境模型的情况下感知环境刺激并显示相应的动作。

7.2 今后可能开展的工作

本书所述的内容是实现"自主智能系统"的一个基本步骤，该系统应保持其能量供应，在复杂环境中生存，表现出一定程度的自主性（尽管没有一个机器人系统是完全自主的），并学会以有效的方式做出动作等。因此，基于现有的系统，今后的工作可能扩展到：

- 增加额外的传感器，如能量传感器，以监测能量消耗，并在特定条件下激活有效的行走步态，以维持能量供应。
- 增加本体感受器，如用于地面感应的脚部接触传感器，以及用于检测腿部运动的关节角度编码器等。
- 执行更多的反应性行为（如避免掠夺性攻击和向光性运动），并使用一种进化算法来协助或完成这些不同的反应性行为。

● 利用学习技能，如强化学习，使步行机器人高效运行（如学习寻找从不利情况中逃跑或接近目标的最快方法）。

另外，让步行机器人不仅能与环境交互，还能与其他机器人交互（智能体之间的交互）也会很有趣。当感知到请求信号时，步行机器人之间也可以相互协助。一般来说，机器人模型适合用于研究行为决策是如何从多个感官信息来源产生的，并且能够在特定的神经机制中建立这些概念。此外，它们还可以作为工具来建立生物学、（计算）神经科学和工程学之间的关系，正如本书所展示的那样。

反应式步行机器人描述

　　以下搭建了两台物理反应式步行机器人作为移动平台。它们用于神经控制器的实验，以便执行不同的反应性行为，也用于演示人工感知-动作系统。

A.1 AMOS-WD02

AMOS-WD02 是一款四足步行机器人，腿上有两个自由度。它的机身由（主动）尾部和中心底盘组成，中心底盘通过在垂直轴上旋转的（主动）脊骨关节与头部相连。两条后腿连接在中央底盘，另外两条腿固定在头部（见图 A.1）。

（a） （b）

图 A.1

注：如图所示为物理四足步行机器人 AMOS-WD02。（a）为 AMOS-WD02 转动脊骨关节时的俯视图。（b）为 AMOS-WD02 站立时的前视图。

AMOS-WD02 的一些基本特征定义如下。

机械部件：

- 不带尾部的尺寸（长×宽×高）：28×30×14cm 厘米。

- 重量：3.3 千克。

- 聚氯乙烯（PVC）和铝合金 AL5083 结构。

- 四条腿，每条腿有两个自由度。

- 在垂直轴上旋转的脊骨关节。

- 在水平和垂直轴上旋转的活动尾部。
- 由八个模拟伺服电动机（90Ncm）、一个数字伺服电动机（220Ncm）和两个微型伺服电动机（20Ncm）驱动。

电子器件：

- M 板[①]是在 Sankt Augustin 的弗劳恩霍夫研究所开发的。它能够同时控制多达 32 个伺服电动机，同时可对 32 个（+4 个可选）模拟输入通道进行采样和读取，更新速率最高可达 50 个周期/秒。M 板具有 RS232 接口，作为标准通信接口。
- 用于编程神经预处理和控制的 Intel（R）PXA255 处理器的 PDA。它通过 RS232 接口与 M 板通信。
- 听觉传感器的配套电路。
- 用于伺服电动机的 2 100mAh 的 4.8V 镍氢电池。
- 2 100mAh 的 4.8V 镍氢电池，用于支持听觉传感器配套电路。
- 用于 M 板的 9V 镍氢电池。
- 用于无线相机的 9V 镍氢电池。
- 位于前额的两个测距红外传感器（天线状传感器）。
- 位于左前腿和右后腿的两个听觉传感器。
- 微型无线摄像头，内置于麦克风中，安装在机尾顶部。

编程：

- 在 M 板上进行 C 编程，用于控制伺服电动机和读取数字化传感器数据。
- 嵌入式 Visual C++对 PDA 神经预处理和控制进行编程。

---

① 参见 http://www.ais.fraunhofer.de/BE/volksbot/M board.html，2005 年 12 月 18 日引用。

A.2 AMOS-WD06

AMOS-WD06 是一款六足步行机器人，腿部有三个自由度。它的躯干由（主动）尾部和中心底盘组成，中心底盘通过在水平轴上旋转的（主动）脊骨关节与头部相连。两条腿连接在中心底盘的后部，两条腿安装在中心底盘的前部，剩下两条腿固定在头部（见图 A.2）。

（a）   （b）

图 A.2

注：如图所示为物理六足步行机器人 AMOS-WD06。（a）为 AMOS-WD06 爬升位置的俯视图。（b）为 AMOS-WD06 站立位置的前视图。

AMOS-WD06 的一些基本特征定义如下。

机械部件：

- 不带尾部的尺寸（长×宽×高）：40×30×12 厘米。

- 重量：4.2 千克。

- 聚氯乙烯（PVC）和铝合金 AL5083 结构。

- 六条腿，每条腿有三个自由度。

- 在水平轴上旋转的脊骨关节。

- 在水平和垂直轴上旋转的活动尾部。

- 由 18 个模拟伺服电动机（100Ncm）、一个数字伺服电动机（220Ncm）和两个微型伺服电动机（20Ncm）驱动。

电子器件：

- M 板能够同时控制多达 32 个伺服电动机。可对 32 个（+4 个可选）模拟输入通道进行采样和读取，更新速率最高可达 50 个周期/秒。该板具有 RS232 接口，作为标准通信接口。

- 具有 Intel（R）PXA255 处理器的 PDA 用于编程神经预处理和控制。它通过 RS232 接口与 M 板通信。

- 用于伺服电动机的 3 600mAh 的 6V 镍氢电池。

- 用于 6 个测距红外传感器的 800mAh 的 4.8V 镍氢电池。

- 用于 M 板的 9V 镍氢电池。

- 用于无线相机的 9V 镍氢电池。

- 六个测距红外传感器（天线状传感器），其中两个位于前额，其余的固定在两个前腿和两个中腿的连杆上。

- 微型无线摄像头内置于麦克风中，安装在机尾顶部。

- 一个倒置探测器，位于机身旁边。

编程：

- 在 M 板上进行 C 编程，用于控制伺服电动机和读取数字化传感器数据。

- 嵌入式 Visual C++对 PDA 神经预处理和控制进行编程。

用于数字伺服电动机、模拟伺服电动机和步行机器人结构的关节模块（由铝合金制造而成）图纸如图 A.3～图 A.12 所示。

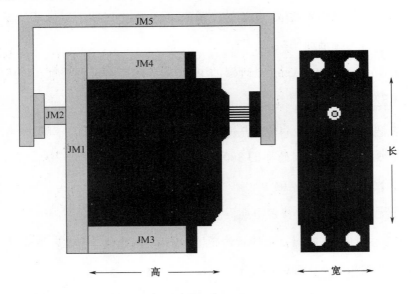

图 A.3

注：如图所示为数字伺服电动机和模拟伺服电动机的关节模块（JM1，JM2，JM3，JM4，JM5）的图纸。伺服电动机的尺寸（长×宽×高）为：40.5×20×40.5 毫米，重量 65 克。

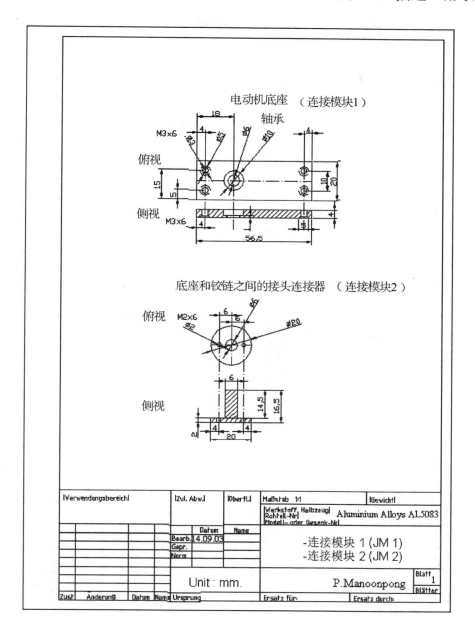

图 A.4

注：如图所示为伺服电动机的关节模块 1 和模块 2（JM1，JM2）。

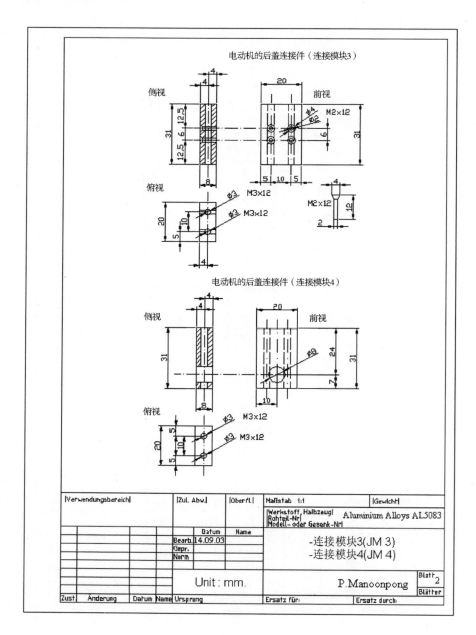

图 A.5

注：如图所示为伺服电动机的关节模块 3 和模块 4（JM3，JM4）。

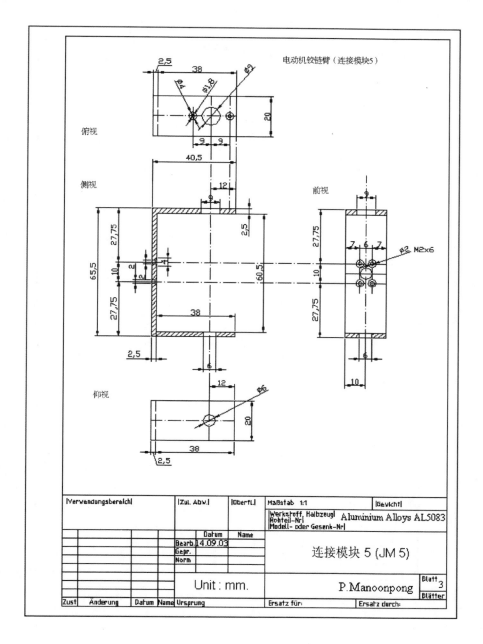

图 A.6

注：如图所示为伺服电动机的关节模块 5（JM5）。

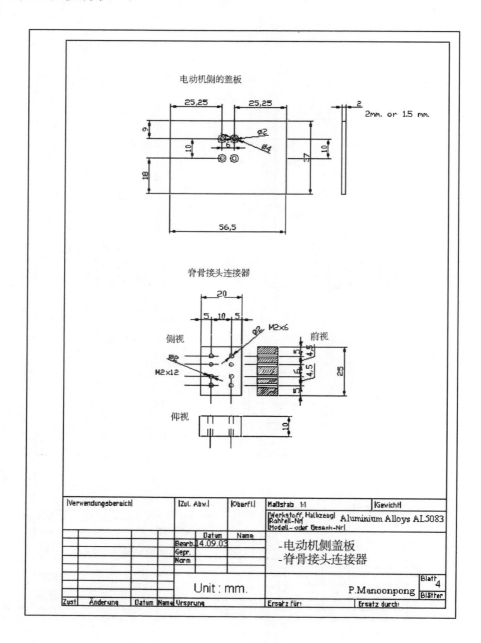

图 A.7

注：伺服电动机两侧的盖板及脊骨关节的连接器。

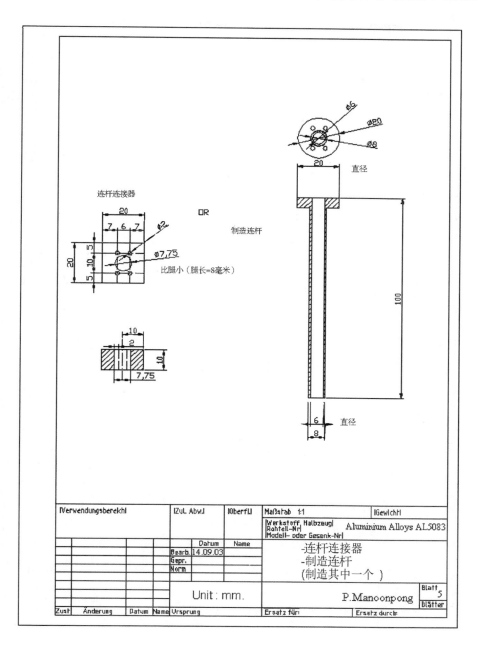

图 A.8

注：如图所示为连杆及其连接器。

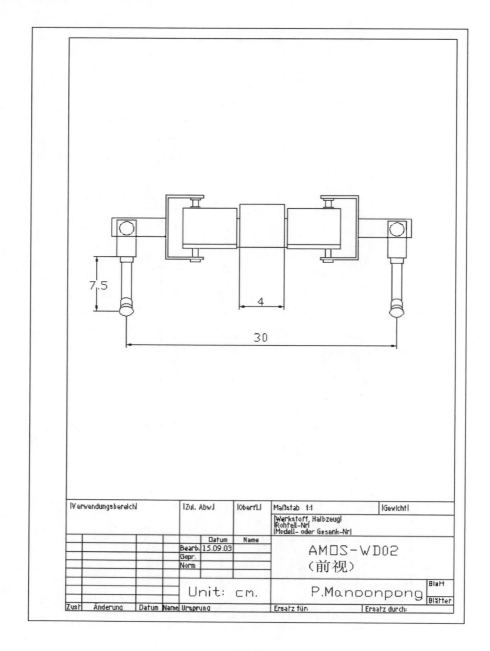

图 A.9

注：如图所示为 AMOS-WD02 前视图。

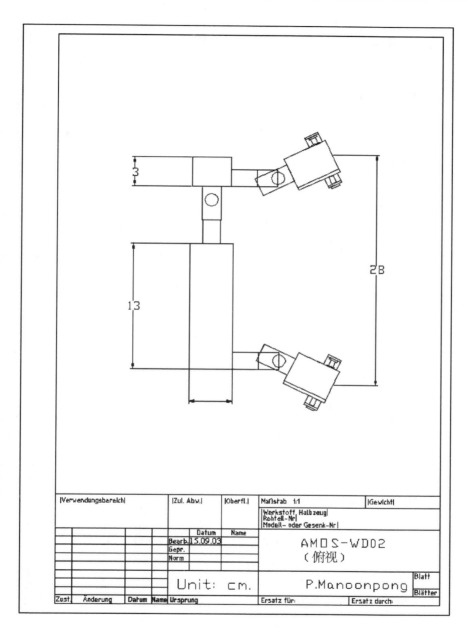

图 A.10

注：如图所示为 AMOS-WD02 俯视图。

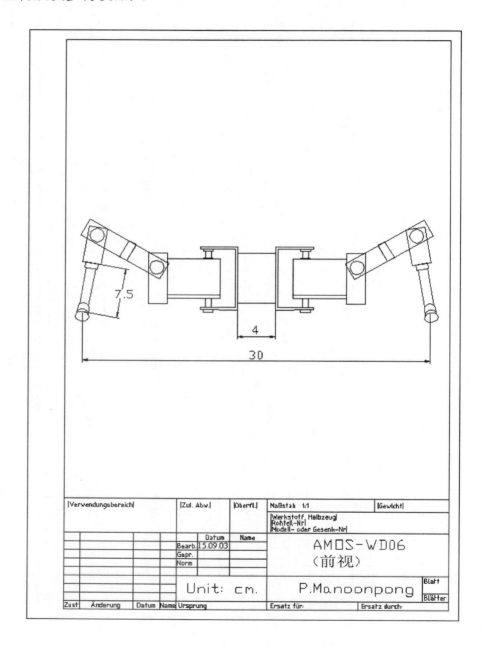

图 A.11

注：如图所示为 AMOS-WD06 前视图。

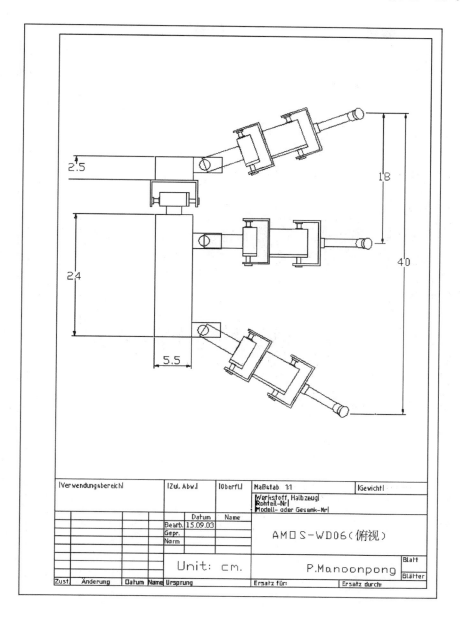

图 A.12

注：如图所示为 AMOS-WD06 俯视图。

符号和缩略词列表

符号列表

a_i	神经元 i 的活动
b_i, B_i	固定的内偏置
Cm	复合模式
E	均方误差
F	适应度函数
I_i	神经元 i 的输入
M_n	运动神经元 n
N	最大时间步数
o_i, $O_i = f(a_i)$	神经元 i 的输出
Om	避障模式
w_{ij}, W_{ij}	神经元 j 与神经元 i 连接的突触强度
θ	固定的内偏置和神经元的可变总输入 I 之和

缩略词列表

ADC	Analog to Digital Converter（模数转换器）
AL	Auditory signal of the Left auditory sensor（左听觉传感器听觉信号）
AMOS-WD	Advanced MObility Sensor driven-Walking Device（先进移动传感器驱动步行装置）
AMOS-WD02	The four-legged walking machine（四足步行机）
AMOS-WD06	The six-legged walking machine（六足步行机）

ANN	Artificial Neural Network（人工神经网络）
AR	Auditory signal of the Right auditory sensor（右听觉传感器听觉信号）
CPG	Central Pattern Generator（中枢模式发生器）
DOF	Degrees of Freedom（自由度）
ENS^3	Evolution of Neural Systems by Stochastic Synthesis（神经系统的随机综合进化）
FFT	Fast Fourier Transform（快速傅立叶变换）
IR	Infrared（红外）
IRL	Infrared signal of the Left antenna-like sensor（左天线状传感器红外信号）
IRR	Infrared signal of the Right antenna-like sensor（右天线状传感器红外信号）
ISEE	Integrated Structure Evolution Environment（集成结构演化环境）
MBoard	Multi-Servo IO-Board（多伺服 IO 板，M 板）
MERLIN	Mobile Experimental Robots for Locomotion and Intelligent Navigation（用于移动和智能导航的移动实验机器人）
MRC	Minimal Recurrent Controller（最小递归控制器）
ODE	Open Dynamics Engine（开放动力学引擎）
PC	Personal Computer（个人计算机）
PDA	Personal Digital Assistant（个人数字助理）
PMD	Photonic Mixer Device（光子混频器）

PWM	Pulse Width Modulation（脉冲宽度调制）
RNNs	Recurrent Neural Networks（循环神经网络）
TDOA	Time Delay Of Arrival（到达时间延迟）
VRN	Velocity Regulating Network（调速网）
YARS	Yet Another Robot Simulator（机器人模拟器）

参 考 文 献

[1]   (2002). Australian Museum. http://www.amonline.net.au. Cited 4 December 2005.

[2]   (2004). Yet Another Robot Simulator (YARS). http://www.ais.fraunhofer.de/INDY/, see menu item TOOLS. Cited 18 December 2005.

[3]   AARABI P, WANG Q H, YEGANEGIM (2004). Integrated displacement tracking and sound localization. In: Proceedings of the IEEE International Conference on Acoustics, Speech, and Signal Processing (ICASSP'04), vol. 5, pp. 937–940.

[4]   ABUSHAMAF T (1964). On the behaviour and sensory physiology of the scorpion Leirus quinquestriatus. Animal Behaviour 12(1), 140–153.

[5]   ALBIEZ J C, LUKSCH T, BERNS K, DILLMANN R (2003). Reactive re- flex based control for a four-legged walking machine. Robotics and Autonomous Systems 44(3), 181–189.

[6]   ALI K S, ARKINR C (1998). Implementing schema-theoretic models of animal behavior in robotic systems. In: Proceedings of the Fifth International Workshop on Advanced Motion Control (AMC'98), pp. 246–253.

[7]   ANDERSON J A (1995). An Introduction to Neural Networks. Cambridge, Massachusetts: MIT Press.

[8]   ANDERSON T L, DONATH M (1988). A computational structure for en- forcing reactive behavior in a mobile robot. In: W. J. William (ed.), Proceedings of the SPIE Conference on Mobile Robots III, Cambridge, Massachusetts, vol. 1007, p. 370.

[9] ARBIB M A (1964). Brains, Machines and Mathematics. New York: McGraw-Hill.

[10] ARKIN R C (1998). Behavior-Based Robotics. Cambridge, Massachusetts: MIT Press.

[11] AYERS J, DAVIS J, RUDOLPH A (eds.) (2002). Neurotechnology for Biomimetic Robots. Cambridge, Massachusetts: MIT Press.

[12] AYERS J, WITTING J, MCGRUE N, OLCOTT C, MASSA D (2000). Lob ster robots. In: T. Wu, N. Kato (eds.), Proceedings of the International Symposium on Aqua Biomechanisms, Hawaii: Tokai University Pacific Center.

[13] AZMY N, BOUSSARD E, VIBERT J F, PAKDAMAN, K (1996). Single neuron with recurrent excitation: Effect of the transmission delay. Neural Networks 9(5), 797–818.

[14] BARRETO Gde A, ARAÚJO A F R (1999). Unsupervised learning and recall of temporal sequences: An application to robotics. International Journal Neural System 9(3), 235–242.

[15] BARTH F G (2002). A Spider's World: Senses and Behavior. Berlin Heidelberg New York: Springer.

[16] BARTH F G, GEETHABALI (1982). Spider vibration receptors: Threshold curves of individual slits in the metatarsal lyriform organ. Journal of Comparative Physiology A: Neuroethology, Sensory, Neural, and Behavioral Physiology 148(2), 175–185.

[17] BATH F G, HÖLLER A (1999). Dynamics of arthropod filiform hairs. V. The response of spider trichobothria to natural stimuli. Philosophical Transactions of

the Royal Society of London Series B: Biological Sciences 354, 183–192.

[18] BARTH F G, HUMPHREY J A C, SECOMB T W (eds.) (2003). Sensors and Sensing in Biology and Engineering. Berlin Heidelberg New York: Springer.

[19] BARTH F G, WASTL U, HUMPHREY J A C, DEVARAKONDA R (1993). Dynamics of arthropod filiform hairs-Ⅱ: Mechanical properties of spider trichobothria (Cupiennius salei). Philosophical Transactions of the Royal Society of London Series B: Biological Sciences 340, 445–461.

[20] BÄSSLER U (1983). Neural Basis of Elementary Behavior in Stick Insects. Berlin Heidelberg New York: Springer.

[21] BÄSSLER U, BÜSCHGES A (1998). Pattern generation for stick insect walking movements–multisensory control of a locomotor program. Brain Re- search Reviews 27, 65–88.

[22] BEER R D (1990). Intelligence as Adaptive Behavior: An Experiment in Computational Neuroethology. New York: Academic.

[23] BEER R D, CHIEL H J, QUINN R D, ESPENSCHIELD K S, LARSSON P (1992). A distributed neural network architecture for hexapod robot locomotion. Neural Computation 4(3), 356–365.

[24] BEER R D, CHIEL H J, STERLING L S (1990). A biological perspective on autonomous agent design. Robotics and Autonomous Systems 6(1– 2), 169–186.

[25] BEER R D, RITZMANN R E, MCKENNA T (eds.) (1993). Biological Neu- ral Networks in Invertebrate Neuroethology and Robotics (Neural Net- works, Foundations to Applications). Boston, Massachusetts: Academic.

[26] BEKEY G A (2005). Autonomous Robots From Biological Inspiration to

Implementation and Control. Cambridge, Massachusetts: MIT Press.

[27] BERNS K, CORDES S, ILG W (1994). Adaptive, neural control architec- ture for the walking machine LAURON. In: Proceedings of the IEEE/RSJ References 169 International Conference on Intelligent Robots and Systems (IROS), vol. 2, pp. 1172–1177.

[28] BERNS K, ILG W, ECKERT M, DILLMANN R (1998). Mechanical construction and computer architecture of the four-legged walking machine BISAM. In: Proceedings of the First International Symposium on Climb- ing and Walking Robots (CLAWAR'98), pp. 167–172.

[29] BILLARD A, IJSPEERT A J (2000). Biologically inspired neural controllers for motor control in a quadruped robot. In: Proceedings of the IEEE-INNS-ENNS International Joint Conference on Neural Networks (IJCNN 2000), vol. 6, pp. 637–641.

[30] BONGARD J, ZYKOV V, LIPSON H. (2006). Resilient machines through continuous self-modeling. Science 314(5802), 1118–1121.

[31] BÖHM H (1995). Dynamic properties of orientation to turbulent air cur- rent by walking carrion beetles. Journal of Experimental Biology 198(9), 1995–2005.

[32] BRAITENBERG V (1984). Vehicles: Experiments in Synthetic Psychology. Cambridge, Massachusetts: MIT Press.

[33] BREITHAUPT R (2001). Walking–Robot–Kit: Modular and easy to enhance robot-kit for serious research and development. http:// www.ais.fraunhofer.de/~ breitha/projects/RoboKit/RoboKit.html. Cited 16 December 2005.

[34] BREITHAUPT R, DAHNKE J, ZAHEDI K, HERTZBERG J, PASEMANN F

(2002). Robo-Salamander an approach for the benefit of both robotics and biology. In: P. Bedaud (ed.), Proceedings of the Fifth International Conference on Climbing and Walking Robots (CLAWAR'02), London: Professional Engineering, pp. 55–62.

[35]　BRITTINGER W (1998). Trichobothrien, Medienstr ömung und das Verhal- ten von Jagdspinnen (Cupiennius salei, Keys.). Ph.D. thesis, University of Vienna, Austria. [Translation of title: Trichobothria, medium flow, and the behavior of hunting spiders (Cupiennius salei Keys)].

[36]　BROOKS R A (1989). A robot that walks: Emergent behaviors from a carefully evolved network. Neural Computation 1(2), 253–262.

[37]　BROOKS R A (1991). How to build complete creatures rather than isolated cognitive simulators. In K. VanLehn (ed.), Architectures for Intelligence, pp. 225-239.

[38]　BROOKS R A (1999). Cambrian Intelligence: The Early History of the New AI. Cambridge, Massachusetts: MIT Press.

[39]　BROOKS R A (2002). Flesh and Machines: How Robots Will Change Us. New York: Pantheon Books.

[40]　BROOKS R A, CONNELL J H, NING P (1988). Herbert: A Second Generation Mobile Robot. Technical Report AI–Memo 1016, MIT Artificial Intelligence Laboratory.

[41]　BROOKS R A, STEIN L A (1994). Building brains for bodies. Autonomous Robots 1(1), 7–25.

[42]　BROWN T G (1911). The intrinsic factors in the act of progression in the

185

mammal. Proceedings of the Royal Society of London Series B 84, 308–319.

[43] BUEHLER M (2002). Dynamic locomotion with one, four and six-legged robots. Journal of the Robotics Society of Japan 20(3), 15–20.

[44] BÜSCHGES A (2005). Sensory control and organization of neural networks mediating coordination of multisegmental organs for locomotion. Journal of Neurophysiology 93, 1127–1135.

[45] CAMHI J M, JOHNSON E N (1999). High-frequency steering maneuvers mediated by tactile cues: Antennal wall-following in the cockroach. Journal of Experimental Biology 202(5), 631–643.

[46] CHAPMAN T (2001). Morphological and Neural Modelling of the Orthopteran Escape Response. Ph.D. thesis, University of Stirling, UK.

[47] CLARK J E, CHAM J G, BAILEY S A, FROEHLICH E M, NAHATA P K, FULL R J, CUTKOSKY M R (2001). Biomimetic design and fabrication of a hexapedal running robot. In: Proceedings of the IEEE International Conference on Robotics and Automation (ICRA), vol. 4, pp. 3643–3649.

[48] CLOUDSLEY-THOMPSON J L (1958). Spiders, Scorpions, Centipedes and Mites (The Ecology and Natural History of Woodlice, Myriapods and Arachnids). New York: Pergamon.

[49] COMER C M, DOWD J P (1992). Multisensory processing for move- ment: Antennal and cercal mediation of escape turning in the cockroach. In: R. D. Beer, R. E. Ritzmann, T. McKenna (eds.), Biological Neural Networks in Invertebrate Neuroethology and Robotics (Neural Networks, Foundations to Applications), Boston, Massachusetts: Academic, pp. 89–112.

[50] COMER C M, MARA E, MURPHY K A, GETMAN M, MUNGY M C (1994). Multisensory control of escape in the cockroach Periplaneta americana. II. Patterns of touch-evoked behavior. Journal of Comparative Physiology A 174(1), 13–26.

[51] COMER C M, PARKS L, HALVORSEN M B, BREESE-TERTELLING A (2003). The antennal system and cockroach evasive behavior. II. Stimulus identification and localization are separable antennal functions. Journal of Comparative Physiology A 189, 97–103.

[52] CONNELL J H (1990). Minimalist Mobile Robotics: A Colony Architecture for an Artificial Creature. Cambridge, Massachusetts: Academic.

[53] CONSI T, GRASSO F, MOUNTAIN D, ATEMA J (1995). Explorations of turbulent odor plumes with an autonomous underwater robot. Biological Bulletin 189, 231–232.

[54] COULTER D (2000). Digital Audio Processing. Lawrence, KS: CMP Books.

[55] CRUSE H (2002). The functional sense of central oscillations in walking. Biological Cybernetics 86(4), 271–280.

[56] CRUSE H, BLÄSING B, DEAN J, DÜRR V, KINDERMANN T, SCHMITZ J, SCHUMM M (2004). WalkNet—a decentralized architecture for the control of walking behaviour based on insect studies. In: F. Pfeiffer, References 171 T. Zielinska (eds.), Walking: Biological and Technological Aspects, Berlin Heidelberg New York: Springer, pp. 81–118.

[57] DAHL F (1883). Über die Hörhaare bei den Arachniden. Zoologischer Anzeiger 6, 267–270. [Translation of title: On the sensory hairs in Arachnida].

[58] DELCOMYN F (1980). Neural basis of rhythmic behavior in animals. Science 210, 492–498.

[59] DELCOMYN F (2004). Insect waking and robotics. Annual Review Entomology 49, 51–70.

[60] DREWES C D, BERNARD R A (1976). Electrophysiological responses of chemosensitive sensilla in the wolf spider. Journal of Experimental Zoology 198(3), 423–435.

[61] DUMPERT K (1978). Spider odor receptor: Electrophysiological proof. Experientia 34, 754–755.

[62] DÜRR V, KÖNIG Y, KITTMANN R (2001). The antennal motor system of the stick insect Carausius morosus: Anatomy and antennal movements during walking. Journal of Comparative Physiology A 187(2), 131–144.

[63] DÜRR V, SCHMITZ J, CRUSE H (2004). Behaviour-based modelling of hexapod locomotion: Linking biology and technical application. Arthropod Structure and Development 33(3), 237–250.

[64] EKEBERG Ö, BLÜMEL M, BÜSCHGES A (2004). Dynamic simulation of insect walking. Arthropod Structure and Development 33, 287–300.

[65] ENDO G, NAKANISHI J, MORIMOTO J, CHENG G (2005). Experimental studies of a neural oscillator for biped locomotion with QRIO. In: Proceedings of the IEEE International Conference on Robotics and Automation (ICRA), pp. 596–602.

[66] ESPENSCHIED K S, QUINN R D, BEER R D, CHIEL H J (1996). Biologically based distributed control and local reflexes improve rough terrain

locomotion in a hexapod robot. Robotics and Autonomous Systems 18, 59–64.

[67] FEND M, BOVET S, PFEIFER R (2006) On the influence of morphology of tactile sensors for behavior and control. Robotics and Autonomous Systems 54(8), 686–695.

[68] FEND M, BOVET S, YOKOI H, PFEIFER R (2003). An active artificial whisker array for texture discrimination. In: Proceedings of the IEEE/RSJ International Conference on Intelligent Robots and Systems (IROS), vol. 2, pp. 1044–1049.

[69] FEND M, YOKOI H, PFEIFER R (2003). Optimal morphology of a biologically-inspired whisker array on an obstacle-avoiding robot. In: Proceedings of the Seventh European Conference on Artificial Life (ECAL), Berlin Heidelberg New York: Springer, pp. 771–780.

[70] FERRELL C (1993). Robust Agent Control of an Autonomous Robot with Many Sensors and Actuators. Masters thesis, Massachusetts Institute of Technology, USA.

[71] FERRELL C (1994). Robust and adaptive locomotion of an autonomous hexapod. In: P. Gaussier, J.-D. Nicoud (eds.), Proceedings From Perception to Action Conference (PERAC 1994), Los Alamitos, CA: IEEE Computer Society, pp. 66–77.

[72] FILLIAT D, KODJABACHIAN J, MEYER J A (1999). Incremental evolution of neural controllers for navigation in a 6 legged robot. In: Proceedings of the Fourth International Symposium on Artificial Life and Robotics, Oita University Press, pp. 745–750.

[73] FISCHER J (2004). A Modulatory Learning Rule for Neural Learning and Metalearning in Real World Robots with Many Degrees of Freedom. Ph.D. thesis, University of Münster, Germany, Aachen: Shaker.

[74] FISCHER J, PASEMANN F, MANOONPONG P (2004). Neuro-controllers for walking machines — an evolutionary approach to robust behavior. In: M. Armada, P. Gonzalez de Santos (eds.), Proceedings of the Seventh International Conference on Climbing and Walking Robots (CLAWAR'04), Berlin Heidelberg New York: Springer, pp. 97–102.

[75] FLOREANO D, MONDADA F (1994). Active perception, navigation, homing, and grasping: An autonomous Perspective. In: Ph. Gaussier, J.- D. Nicoud (eds.), Proceedings of From Perception to Action Conference (PERAC 1994), Los Alamitos, CA: IEEE Computer Society, pp. 122–133.

[76] FOELIX R F, CHU-WANG I W (1973). Morphology of spider sensilla II. Chemoreceptors. Tissue Cell 5(3), 461–478.

[77] FOGEL D B, FOGEL L J (1996). An introduction to evolutionary programming. In: Proceedings of Evolution Artificielle, Berlin Heidelberg New York: Springer, pp. 21–33.

[78] FOGEL L J, OWENS A J, WALSH M J (1966). Artificial Intelligence Through Simulated Evolution. New York: Wiley.

[79] FRANKLIN R F (1985). The locomotion of hexapods on rough ground. In: M. Gewecke, G. Wendler (eds.), Insect Locomotion, Hamburg: Paul Parey, pp. 69–78.

[80] FRIK M, GUDDAT M, KARATAS M, LOSCH D C (1999). A novel approach to

autonomous control of walking machines. In: Proceedings of the Second International Conference on Climbing and Walking Robots (CLAWAR'99), Portsmouth: Professional Engineering, pp. 333–342.

[81] GAßMANN B, SCHOLL K-U, BERNS K (2001). Locomotion of LAURON III in rough terrain. In: Proceedings of the IEEE/ASME International Conference on Advanced Intelligent Mechatronics, vol. 2, pp. 959–964.

[82] GENG T, PORR B, WÖRGÖTTER F (2006). Fast biped walking with a reflexive neuronal controller and real-time online learning. International Journal of Robotics Research 25(3), 243–259.

[83] GRAYSON K (2000). Urodele Amphibians: The Regenerative Vertebrate Exception. http://www.bio.davidson.edu/Courses/anphys/2000 /Grayson/GRAYSON. HTM. Cited 6 December 2005.

[84] GRILLNER S (1991). Recombination of motor pattern generators. Current Biology 1(4), 231–233.

[85] GRILLNER S, ZANGGER P (1979). On the central generation of locomotion in the low spinal cat. Experimental Brain Research 34(2), 241–261.

[86] HAGRAS H, CALLAGHAN V, COLLEY M J (2000). Online learning of fuzzy behaviour co-ordination for autonomous agents using genetic algorithms and real-time interaction with the environment. In: Proceedings of the Ninth IEEE International Conference on Fuzzy Systems, vol. 2, pp. 853–858.

[87] HANSEN H J (1917). On the Trichobothria ("auditory hairs") in arachnida, myriopoda, and insects, with a summary of the external sensory organs in arachnida. Entomologisk Tidskrift 38, 240–259.

[88] HASCHKE R (2003). Bifurcations in Discrete-Time Neural Networks – Controlling Complex Network Behaviour with Inputs. Ph.D. thesis, Bielefeld University, Germany.

[89] HEIDEN U an der (1991). Neural networks: Flexible modelling, mathematical analysis, and applications. In: F. Pasemann, H.-D. Doebner (eds.), Neurodynamics, World Scientific, pp. 49–95.

[90] HERGENRÖDER R, BARTH F G (1983). Vibratory signals and spider behavior: How do the sensory inputs from the eight legs interact in orientation? Journal of Comparative Physiology A 152, 361–371.

[91] HILLJEGERDES J, SPENNEBERG D, KIRCHNER F (2005). The construction of the four legged prototype robot ARAMIES. In: Proceedings of the International Conference on Climbing and Walking Robots (CLAWAR' 05), Berlin Heidelberg New York: Springer, pp. 335–342.

[92] HIROSE S, INOUE S, YONEDA K (1990). The whisker sensor and the transmission of multiple sensor signals. Advance Robotics 4(2), 105–117.

[93] HOLLAND J H (1975). Adaptation in Natural and Artificial Systems: An Introductory Analysis with Applications to Biology, Control, and Artificial Intelligence. Ann Arbor: The University of Michigan Press.

[94] HOOPER S L (2000). Central pattern generators. Current Biology 10(5), R176–R179.

[95] HORCHLER A D, REEVE R E, WEBB B, QUINN R D (2004). Robot phonotaxis in the wild: A biologically inspired approach to outdoor sound localization. Advanced Robotics 18(8), 801–816.

[96] HÜLSE M, PASEMANN F (2002). Dynamical neural Schmitt trigger for robot control. In: J. R. Dorronsoro (ed.), Proceedings of the International Conference on Artificial Neural Networks (ICANN 2002), Berlin Heidelberg New York: Springer, vol. 2415 of Lecture Notes in Computer Science, pp. 783–788.

[97] HÜLSE M, WISCHMANN S, PASEMANN F (2004). Structure and function of evolved neuro-controllers for autonomous robots. Connection Science 16(4), 249–266.

[98] HÜLSE M, ZAHEDI K, PASEMANN F. (2003). Representing robot-environment interactions by dynamical features of neuro-controllers. In: Anticipatory Behavior in Adaptive Learning Systems, Berlin Heidelberg New York: Springer, vol. 2684 of Lecture Notes in Computer Science, pp. 222–242.

[99] IIDA F, PFEIFER R (2006). Sensing through body dynamics. Robotics and Autonomous Systems 54(8), 631–640.

[100] IJSPEERT A J (2001). A connectionist central pattern generator for the aquatic and terrestrial gaits of a simulated salamander. Biological Cybernetics 84(5), 331–348.

[101] INAGAKI S, YUASA H, SUZUKI T, ARAI T (2006). Wave CPG model for autonomous decentralized multi-legged robot: Gait generation and walking speed control. Robotics and Autonomous Systems 54(2), 118–126.

[102] INGVAST J, RIDDERSTRÖM C, HARDARSON F, WIKANDER J (2003). Warp1: Towards walking in rough terrain—control of walking. In: G. Muscato, D. Longo (eds.), Proceedings of the Sixth International Conference on Climbing and Walking Robots (CLAWAR'03), London: Professional Engineering, pp.

197–204.

[103] JACOBI N (1998). Running across the reality gap: Octopod locomotion evolved in a minimal simulation. In: P. Husbands, J.-A. Meyer (eds.), Proceedings of the First European Workshop on Evolutionary Robotics (EvoRobot' 98), Berlin Heidelberg New York: Springer, vol. 1468 of Lecture Notes in Computer Science, pp. 39–58.

[104] JIMENEZ M A, GONZALEZ De SANTOS P (1997). Terrain adaptive gait for walking machines. International Journal of Robotics Research 16(3), 320–339.

[105] JUNG D, ZELINSKY A (1996). Whisker-based mobile robot navigation. In: Proceedings of the IEEE/RSJ International Conference on Intelligent Robots and Systems (IROS), pp. 497–504.

[106] KANEKO M, KANAYAMA N, TSUJI T (1998). Active antenna for contact sensing. IEEE Transactions on Robotics and Automation 14(2), 278–291.

[107] KATO K, HIROSE S (2001). Development of quadruped walking robot, TITAN-IX — mechanical design concept and application for the humanitarian demining robot. Advanced Robotics 15(2), 191–204.

[108] KAUER J S (2005). Salamander Locomotion. http://birg.epfl.ch/ page45111.html. Cited 6 December 2005.

[109] KERSCHER T, ALBIEZ J, BERNS K (2002). Joint control of the six-legged robot AirBug driven by fluidic muscles. In: Proceedings of the Third International Workshop on Robot Motion and Control (RoMoCo'02), pp. 27–32.

[110] KIKUCHI F, OTA Y, HIROSE S (2003). Basic performance experiments for jumping quadruped. In: Proceedings of the IEEE/RSJ International Conference

on Intelligent Robots and Systems (IROS), pp. 3378–3383.

[111] KIMURA H, AKIYAMA S, SAKURAMA K (1999). Realization of dynamic walking and running of the quadruped using neural oscillator. Autonomous Robots 7(3), 247–258.

[112] KIMURA H, FUKUOKA Y (2000). Biologically inspired dynamic walking of a quadruped robot on irregular terrain—adaptation at spinal cord and brain stem. In: Proceedings of the First International Symposium on Adaptive Motion of Animals and Machines, TuA-II-1. http://www.kimura.is.uec.ac.jp/amam2000/index.html. Cited 24 December 2005.

[113] KIRCHNER F, SPENNEBERG D, LINNEMANN R (2002). A biologically inspired approach toward robust real-world locomotion in legged robots. In: J. Ayers, J. Davis, A. Rudolph (eds.), Neurotechnology for Biomimetic Robots, MIT Press, pp. 419–447.

[114] KLAASSEN B, ZAHEDI K, PASEMANN F (2004). A modular approach to construction and control of walking robots. In: Robotik 2004, vol. 1841 of VDI - Berichte, pp. 633–640.

[115] KRICHMAR J L, NITZ D A, GALLY J A, EDELMAN G M (2005) Characterizing functional hippocampal pathways in a brain-based device as it solves a spatial memory task. Proceedings of the National Academy of Sciences of the United States of America 102(6), 2111–2116.

[116] KUFFLER S W, NICHOLLS J G, MARTIN A R (1984). From Neuron to Brain 2nd edn. Sunderlands, Massachusetts: Sinauer.

[117] KURAZUME R, YONEDA K, HIROSE S (2002). Feedforward and feedback

dynamic trot gait control for quadruped walking vehicle. Autonomous Robots 12(2), 157–172.

[118] LEGER P C (2000). Darwin2K: An Evolutionary Approach to Automated Design for Robotics. Massachusetts: Kluwer Academic.

[119] LEWIS M A, FAGG A H, SOLIDUM A (1992). Genetic programming approach to the construction of a neural network for control of a walking robot. In: Proceedings of the IEEE International Conference on Robotics and Automation (ICRA), pp. 2618–2623.

[120] LINDER C R (2005). Self-organization in a simple task of motor control based on spatial encoding. International Society for Adaptive Behavior 13(3), 189–209.

[121] LUND H H, WEBB B, HALLAM J (1998). Physical and temporal scaling considerations in a robot model of cricket calling song preference. Artificial Life 4(1), 95–107.

[122] LUNGARELLA M, HAFNER V V, PFEIFER R, YOKOI H (2002). An artificial whisker sensor for robotics. In: Proceedings of the IEEE/RSJ International Conference on Intelligent Robots and Systems (IROS), pp. 2931–2936.

[123] LUO F L, UNBEHAUEN R (1999). Applied Neural Networks for Signal Processing. Cambridge University Press.

[124] MAHN B (2003). Entwicklung von Neurokontrollern für eine holonome Roboterplatform. Diplomarbeit, Fachhochschule Oldenburg, Germany.

[125] MANOONPONG P, PASEMANN F (2005). Advanced mobility sensor driven-walking device 02 (AMOS-WD02). In: Proceedings of the Third International Symposium on Adaptive Motion in Animals and Machines, Robot

生物启发步行机器人 ◎

data sheet, Ilmenau: ISLE, p. R22. http://www.tu- ilmenau.de/fakmb/fileadmin/ template/amam/div/AMOS-WD02.pdf. Cited 6 December 2005.

[126] MANOONPONG P, PASEMANN F (2005). Advanced mobility sensor driven-walking device 06 (AMOS-WD06). In: Proceedings of the Third International Symposium on Adaptive Motion in Animals and Machines, Robot data sheet, Ilmenau: ISLE, p. R23. http://www.tu- ilmenau.de/fakmb/fileadmin/ template/amam/div/AMOS-WD06.pdf. Cited 6 December 2005.

[127] MANOONPONG P, PASEMANN F, FISCHER J (2004). Neural processing of auditory–tactile sensor data to perform reactive behavior of walking machines. In: Proceedings of the IEEE International Conference on Mechatronics and Robotics (MechRob'04), Aachen: Sascha Eysoldt, vol. 1, pp. 189–194.

[128] MANOONPONG P, PASEMANN F, FISCHER J (2005). Modular neural control for a reactive behavior of walking machines. In: Proceedings of the Sixth IEEE Symposium on Computational Intelligence in Robotics and Automation (CIRA 2005), pp. 403–408.

[129] MANOONPONG P, PASEMANN F, FISCHER J, ROTH H (2005). Neural processing of auditory signals and modular neural control for sound tropism of walking machines. International Journal of Advanced Robotic Systems 2(3), 223–234.

[130] MANOONPONG P, PASEMANN F, ROTH H (2006). A modular neuro-controller for a sensor-driven reactive behavior of biologically inspired walking machines. International Journal of Computing 5(3), 75–86.

[131] MARKELIC I (2005). Evolving a neurocontroller for a fast quadrupedal walking

behavior. Masters thesis, Institut für Computervisualistik Arbeitsgruppe Aktives Sehen, Universität Koblenz-Landau, Germany.

[132] MATSUOKA K (1985). Sustained oscillations generated by mutually inhibiting neurons with adaptation. Biological Cybernetics 52(6), 367–376.

[133] MATSUSAKA Y, KUBOTA S, TOJO T, FURUKAWA K, KOBAYASHI T (1999). Multi-person conversation robot using multi-modal interface. In: Proceedings of World Multiconference on Systems, Cybernetic and Informatics, vol. 7, pp. 450–455.

[134] MICHELSEN A, POPOV A V, LEWIS B (1994). Physics of directional hearing in the cricket Gryllus bimaculatus. Journal of Comparative Physiology A 175, 153–164.

[135] MONDADA F, FRANZI E, IENNE P (1993). Mobile robot miniaturisation: A tool for investigation in control algorithms. In: Proceedings of the Third International Symposium on Experimental Robotics, Berlin Heidelberg New York: Springer, pp. 501–513.

[136] MORAVEC H P (1977). Towards automatic visual obstacle avoidance. In: Proceedings of the Fifth International Joint Conference on Artificial Intelligence, Cambridge, Massachusetts: Morgan Kaufmann, p. 584.

[137] MURPHEY R K, ZARETSKY M D (1972). Orientation to calling song by female crickets, Scapsipedus marginatus (Gryllidae). Journal of Experimental Biology 56(2), 335–352.

[138] MURRAY J C, ERWIN H, WERMTER S (2004). Robotics sound-source localization and tracking using interaural time difference and cross- correlation.

In: Proceedings of NeuroBotics Workshop, pp. 89–97.

[139] NAFIS G (2005). California Reptiles and Amphibians. http://www.californiaherps. com. Cited 6 December 2005.

[140] NAKADA K, ASAI T, AMEMIYA Y (2003). An analog neural oscillator circuit for locomotion control in quadruped walking robot. In: Proceedings of the International Joint Conference on Neural Networks, vol. 2, pp. 983–988.

[141] NEHMZOW U, WALKER K (2005). Quantitative description of robot-environment interaction using chaos theory. Robotics and Autonomous Systems 53(3–4), 177–193.

[142] HECHT-NIELSEN R (1990). Neurocomputing. Reading, Massachusetts: Addison-Wesley.

[143] NILSSON N J (1969). A mobile automaton: An application of artificial intelligence techniques. In: Proceedings of the First International Joint Conference on Artificial Intelligence, pp. 509–520.

[144] NOLFI S, FLOREANO D (1998). Co-evolving predator and prey robots: Do 'arms races' arise in artificial evolution? Artificial Life 4(4), 311–335.

[145] NOLFI S, FLOREANO D (2000). Evolutionary Robotics – The Biology, Intelligence, and Technology of Self-organizing Machines. Cambridge, Massachusetts: MIT Press.

[146] OKADA M, NAKAMURA D, NAKAMURA Y (2003). Hierarchical de- sign of dynamics based information processing system for humanoid motion generation. In: Proceedings of the Second International Symposium on Adaptive Motion of Animals and Machines, SaP- III-1. http://www.kimura.is.uec.ac.jp/amam2003/ ABSTRACTS/N12-okada.pdf. Cited 10 November 2005.

[147] OLIVE C W (1982). Sex pheromones in two orbweaving spiders (Araneae, Araneidae): An experimental field study. Journal of Arachnology 10, 241–245.

[148] ORLOVSKY G N, DELIAGINA T G, GRILLNER S (1999). Neural Control of Locomotion. From Mollusc to Man. New York: Oxford University Press.

[149] PARKER G B, LEE Z (2003). Evolving neural networks for hexapod leg controllers. In: Proceedings of the IEEE/RSJ International Conference on Intelligent Robots and Systems (IROS), vol. 2, pp. 1376–1381.

[150] PASEMANN F (1993). Discrete dynamics of two neuron networks. Open Systems and Information Dynamics 2, 49–66.

[151] PASEMANN F (1993). Dynamics of a single model neuron. International Journal of Bifurcation and Chaos 3(2), 271–278.

[152] PASEMANN F (1998). Structure and dynamics of recurrent neuromodules. Theory in Biosciences 117, 1–17.

[153] PASEMANN F (2002). Complex dynamics and the structure of small neural networks. Network: Computation in Neural Systems 13, 195–216.

[154] PASEMANN F, HILD M, ZAHEDI K (2003). SO(2)–networks as neural oscillators. In: J. Mira, J. R. Alvarez (eds.), Computational Methods in Neural Modeling: Proceedings of the Seventh International Work- Conference on Artificial and Natural Neural Networks (IWANN 2003), Berlin Heidelberg New York: Springer, vol. 2686 of Lecture Notes in Computer Science, pp. 144–151.

[155] PASEMANN F, HÜLSE M, ZAHEDI K (2003). Evolved neurodynamics for robot control. In: M. Verleysen (ed.), European Symposium on Artificial Neural Networks, pp. 439–444.

[156] PASEMANN F, STEINMETZ U, HÜLSE M, LASA B (2001). Robot control and the evolution of modular neurodynamics. Theory in Biosciences 120, 311–326.

[157] PAYTON D W (1986). An architecture for reflexive autonomous vehicle control. In: Proceedings of the IEEE International Conference on Robotics and Automation (ICRA), pp. 1838–1845.

[158] PEARSON K G (1976). The control of walking. Scientific American 235(6), 72–86.

[159] PEARSON K G, ILES J F (1973). Nervous mechanisms underlying inter-segmental co-ordination of leg movements during walking in the cockroach. Journal of Experimental Biology 58, 725–744.

[160] PETERSEN S R (2005). BugWeb. http://www.bugweb.dk. Cited 2 December 2005.

[161] PFEIFER R, SCHEIER C (1999). Understanding Intelligence. Cambridge, Massachusetts: MIT Press.

[162] PFEIFFER F, WEIDEMANN H J, ELTZE J (1994). The TUM walking machine. Intelligent Automation and Soft Computing 2, TSI, 167–174.

[163] PFEIFFER F, ZIELINSKA T (eds.) (2004). Walking: Biological and Technological Aspects. Berlin Heidelberg New York: Springer.

[164] QUINN R D, NELSON G M, BACHMANN R J, KINGSLEY D A, OFFI J, RITZMANN R E (2001). Insect designs for improved robot mobility. In: K. Berns, R. Dillmann (eds.), Proceedings of the Fourth International Conference on Climbing and Walking Robots Conference (CLAWAR'01), London:

Professional Engineering, pp. 69–76.

[165] RADINSKY L B (1986). The Evolution of Vertebrate Design. Chicago: Chicago University Press.

[166] RANDALL M J (2001). Adaptive Neural Control of Walking Robots. London: Professional Engineering.

[167] RECHENBERG I (1973). Evolutionsstrategie—Optimierung technischer Systeme nach Prinzipien der biologischen Evolution. Stuttgart: Fommann-Holzboog.

[168] REEVE R (1999). Generating Walking Behaviors in Legged Robots. Ph.D. thesis, University of Edinburgh, UK.

[169] REEVE R, Webb B (2002). New neural circuits for robot phonotaxis. Philosophical Transactions of the Royal Society A: Mathematical, Physical and Engineering Sciences 361(1811), 2245–2266.

[170] RENALS S, ROHWER R (1990). A study of network dynamics. Journal of Statistical Physics 58, 825–848.

[171] RIGHETTI L, IJSPEERT A J (2006). Programmable central pattern generators: An application to biped locomotion control. In: Proceedings of the IEEE International Conference on Robotics and Automation (ICRA), pp. 1585–1590.

[172] RITZMANN R E (1984). The cockroach escape response. Neural Mechanisms of Startle Behavior, New York, London: Plenum, 93–131.

[173] RITZMANN R E, Quinn R D, Fischer M S (2004). Convergent evolution and locomotion through complex terrain by insects, vertebrates and robots. Arthropod Structure and Development 33(3), 361–379.

[174] ROJAS R (1996). Neural Networks — A Systematic Introduction. Berlin

Heidelberg New York: Springer.

[175] ROTH H, SCHILLING K (1996). Hierarchically organised control strategies for mobile robots based on fused sensor data. In: Proceedings of Mechatronics, vol. 1, pp. 95–100.

[176] ROTH H, SCHWARTE R, RUANGPAYOONGSAK N, KUHLE J, ALBRECHT M, GROTHOF M, HEß H (2003). 3D Vision based on PMD-technology and fuzzy logic control for mobile robots. In: Proceedings of the Second International Conference on Soft Computing, Computing with Words and Perceptions in System Analysis, Decision and Control (ICSCCW 2003), pp. 9–11.

[177] ROTH H, SCHWARTE R, RUANGPAYOONGSAK N, KUHLE J, ALBRECHT M, GROTHOF M, HEß H (2003). 3D Vision based on PMD-technology for mobile robots. In: Proceedings of the SPIE, Aerosense — Technologies and Systems for Defense and Security Conference, vol. 5083, pp. 556–567.

[178] RUPPRECHT K U (2004). Entwicklung eines Gelenkelementes einer Laufmaschine. Diplomarbeit, Fachbereich Maschinenbau, Rheinische Fachhochschule Köln, Germany.

[179] RUSSELL A, THIEL D, MACKAY-SIM A (1994). Sensing odour trails for mobile robot navigation. In: Proceedings of the IEEE International Conference on Robotics and Automation (ICRA), pp. 2672–2677.

[180] SARANLI U, BUEHLER M, KODITSCHEK D E (2001). RHex: A simple and highly mobile hexapod robot. International Journal of Robotics Research 20(7), 616–631.

[181] SCHAEFER P L, KONDAGUNTA G V, RITZMANN R E (1994). Motion

analysis of escape movements evoked by tactile stimulation in the cockroach Periplaneta americana. Journal of Experimental Biology 190, 287–294.

[182] SCHMIDHUBER J, ZHUMATIY V, GAGLIOLO M (2004). Bias-optimal incremental learning of control sequences for virtual robots. In: Proceedings of the Conference on Intelligent Autonomous Systems (IAS-8), Amsterdam: IOS, pp. 658–665.

[183] SCHNEIDER D (1964). Insect antennae. Annual Review of Entomology 9, 103–122.

[184] SCHNEIDER D (1999). Insect pheromone research: Some history and 45 years of personal recollections. Insect Semiochemicals - IOBC, West Palearctic Regional Section (WPRS), Bulletin 22(9). http://phero.net/iobc/dachau/bulletin99/schneider.pdf. Cited 5 December 2005.

[185] SCHWEFEL H P (1995). Evolution and Optimum Seeking. New York: Wiley..

[186] SEYFARTH E A (1985). Spider proprioception: Receptors, reflexes, and control of locomotion. In: F. G. Barth (ed.), Neurobiology of Arachnids, Berlin Heidelberg New York: Springer, pp. 230–248.

[187] SEYFARTH E A (2002). Tactile body raising: Neuronal correlates of a 'simple' behavior in spiders. In: Proceedings of the European Colloquium of Arachnology, European Arachnology 2000, Aarhus: Aarhus University Press, pp. 19–32.

[188] SHIK M L, SEVERIN F V, ORLOVSKII G N (1966). Control of walking and running by means of electrical stimulation of the mid-brain. Bio- physics 11, 756–765.

[189] SMITH R (2004). Open Dynamics Engine v0.5 User Guide. http://www.ode.org/

ode-0.5-userguide.html. Cited 18 December 2005.

[190] SONG S M, WALDRON K J (1989). Machines That Walk: The Adaptive Suspension Vehicle. Cambridge, Massachusetts: MIT Press.

[191] SPENNEBERG D, KIRCHNER F (2002). SCORPION: A biomimetic walking robot. In: Robotik 2002, vol. 1679 of VDI - Berichte, pp. 677–682.

[192] SPENNEBERG D, MCCULLOUGH K, KIRCHNER F (2004). Stability of walk- ing in a multilegged robot suffering leg loss. In: Proceedings of the IEEE International Conference on Robotics and Automation (ICRA), vol. 3, pp. 2159–2164.

[193] STEIN P S G, GRILLNER S, SELVERSTON A I, STUART D G (eds.) (1997). Neurons, Networks, and Behavior. Cambridge, Massachusetts: MIT Press.

[194] STIERLE I, GETMAN M, COMER C M (1994). Multisensory control of escape in the cockroach Periplaneta americana I. Initial evidence from patterns of wind-evoked behavior. Journal of Comparative Physiology A 174, 1–11.

[195] SVAIZER P, MATASSONI M, OMOLOGO M (1997). Acoustic source location in a three-dimensional space using cross-power spectrum phase. In: Proceedings of the IEEE International Conference on Acoustics, Speech, and Signal Processing (ICASSP' 97), vol. 1, pp. 231–234.

[196] SVARER C (1994). Neural Networks for Signal Processing. Ph.D. thesis, Electronics Institute, Technical University of Denmark, Denmark.

[197] TAGA G, YAMAGUCHI Y, SHIMIZU H (1991). Self-organized control of bipedal locomotion by neural oscillators in unpredictable environment. Biological Cybernetics 65(3), 147–159.

[198] TAKEMURA H, DEGUCHI M, UEDA J, MATSUMOTO Y, OGASAWARA T (2005). Slip-adaptive walk of quadruped robot. Robotics and Autonomous Systems 53(2), 124–141.

[199] TODD D J (1985). Walking Machines: An Introduction to Legged Robots. London: Kogan Page.

[200] TOMASINELLI F (2002). Isopoda. http://www.isopoda.net. Cited 4 December 2005.

[201] TOYOMASU M, SHINOHARA A (2003). Developing dynamic gaits for four legged robots. In: Proceedings of International Symposium on Information Science and Electrical Engineering, pp. 577–580.

[202] TWICKEL A (2004). Obstacle perception by scorpions and robots. Masters thesis, University of Bonn, Germany.

[203] TWICKEL A, PASEMANN F (2005). Evolved neural reflex-oscillators for walking machines. In: J. Mira, J. R. Alvarez (eds.), Proceedings of the First International Work-Conference on the Interplay between Natural and Artificial Computation (IWINAC 2005), Berlin Heidelberg New York: Springer, vol. 3561 of Lecture Notes in Computer Science, pp. 376–385.

[204] TWICKEL A, PASEMANN F (2006). Reflex-oscillations in evolved single leg neurocontrollers for walking machines. Natural Computing, Berlin Heidelberg New York: Springer, DOI: http://dx.doi.org/10.1007/s11047- 006-9011-y.

[205] UNCINI A (2003). Audio signal processing by neural networks. Neuro-computing 55(3-4), 593–625.

[206] VALIN J M, Michaud F, Rouat J Létourneau D (2003). Robust sound source

localization using a microphone array on a mobile robot. In: Proceedings of the IEEE/RSJ International Conference on Intelligent Robots and Systems (IROS), pp. 1228–1233.

[207] WADDEN T (1988). Neural Control of Locomotion in Biological and Robotic Systems. Ph.D. thesis, Royal Institute of Technology, Sweden.

[208] WALTER W G (1953). The Living Brain. New York: Norton.

[209] WANG Q H, IVANOV T, AARABI P (2004). Acoustic robot navigation using distributed microphone arrays. Information Fusion (Special Issue on Robust Speech Processing) 5(2), 131–140.

[210] WATANABE K, HASHEM M M A (2004). Evolutionary Computations: New Algorithms and Their Applications to Evolutionary Robots. Berlin Heidelberg New York: Springer.

[211] WATSON J T, RITZMANN R E, ZILL S N, POLLACK A J (2002). Control of obstacle climbing in the cockroach, Blaberus discoidalis I. Kinematics. Journal of Comparative Physiology A 188, 39–53.

[212] WEBB B (1998). Robots crickets and ants: Models of neural control of chemotaxis and phonotaxis. Neural Networks 11, 1479–1496.

[213] WEBB B (2000). What does robotics offer animal behaviour? Animal Behaviour 60(5), 545–558.

[214] WEBB B (2001). Can robots make good models of biological behaviour? Target Article for Behavioural and Brain Sciences 24(6), 1033–1094.

[215] WEBB B, SCUTT T (2000). A simple latency dependent spiking neuron model of cricket phonotaxis. Biological Cybernetics 82(3), 247–269.

[216] WEI T E, QUINN R D, RITZMANN R E (2004). A CLAWAR that benefits from abstracted cockroach locomotion principles. In: M. Armada, P. Gonzalez de Santos (eds.), Proceedings of the Seventh International Conference on Climbing and Walking Robots (CLAWAR'04), Berlin Heidelberg New York: Springer, pp. 849–858.

[217] WISCHMANN S, HÜLSE M, PASEMANN F (2005). (Co)evolution of (de)centralized neural control for a gravitationally driven machine. In: Proceedings of the European Conference on Artificial Life (ECAL 2005), Berlin Heidelberg New York: Springer, pp. 179–188.

[218] WISCHMANN S, PASEMANN F (2004). From passive to active dynamic 3D bipedal walking—An evolutionary approach. In: M. Armada, P. Gonzalez de Santos (eds.), Proceedings of the Seventh International Conference on Climbing and Walking Robots (CLAWAR'04), Berlin Heidelberg New York: Springer, pp. 737–744.

[219] WONGSUWAN H, LAOWATTANA D (2004). Bipedal gait synthesizer using adaptive neuro-fuzzy network. In: Proceedings of the First Asia International Symposium on Mechatronics (AISM), pp. 433–438.

[220] WÖRGÖTTER F, PORR B (2005) Temporal sequence learning, prediction and control — A review of different models and their relation to biological mechanisms. Neural Computation 17(2), 245–319.

[221] YAMAGUCHI T, WATANABE K, IZUMI K (2005). Neural network approach to acquiring free-gait motion of quadruped robots in obstacle avoidance. Artificial Life and Robotics 9(4), 188–193.

[222] YOKOI H, FEND M, PFEIFER R (2004). Development of a whisker sensor system and simulation of active whisking for agent navigation. In: Proceedings of the IEEE/RSJ International Conference on Intelligent Robots and Systems (IROS), pp. 607–612.

[223] YONEDA K, OTA Y, ITO F, HIROSE S (2001). Quadruped walking robot with reduced degrees of freedom. Journal of Robotics and Mechatronics 13(2), 190–197.

[224] ZAHEDI K, HÜLSE M, PASEMANN F (2004). Evolving neurocontrollers in the RoboCup domain. In: Robotik 2004, vol. 1841 of VDI - Berichte, pp. 63–70.

[225] ZAKNICH A (2003). Neural Networks for Intelligent Signal Processing. vol. 4 of series on Advanced Biology and Logic-Based Intelligence, Singapore: World Scientific.

[226] ZHANG Y, WENG J (2001). Grounded auditory development by a developmental robot. In: Proceedings of the INNS/IEEE International Joint Conference on Neural Networks, pp. 1059–1064.

电子工业出版社编著书籍推荐表

姓名		性别		出生 年月		职称/ 职务	
单位							
专业				E-mail			
通信地址							
联系电话				研究方向及 教学科目			
个人简历（毕业院校、专业、从事过的以及正在从事的项目、发表过的论文）							
您近期的写作计划：							
您推荐的国外原版图书：							
您认为目前市场上最缺乏的图书及类型：							

邮寄地址：北京市丰台区金家村 288#华信大厦电子工业出版社工业技术分社

邮　　编：100036

电　　话：18614084788　E-mail：lzhmails@phei.com.cn

微信 ID：lzhairs

联系人：刘志红

反侵权盗版声明

　　电子工业出版社依法对本作品享有专有出版权。任何未经权利人书面许可，复制、销售或通过信息网络传播本作品的行为；歪曲、篡改、剽窃本作品的行为，均违反《中华人民共和国著作权法》，其行为人应承担相应的民事责任和行政责任，构成犯罪的，将被依法追究刑事责任。

　　为了维护市场秩序，保护权利人的合法权益，我社将依法查处和打击侵权盗版的单位和个人。欢迎社会各界人士积极举报侵权盗版行为，本社将奖励举报有功人员，并保证举报人的信息不被泄露。

举报电话：（010）88254396；（010）88258888

传　　真：（010）88254397

E-mail：　dbqq@phei.com.cn

通信地址：北京市万寿路 173 信箱

　　　　　电子工业出版社总编办公室

邮　　编：100036